Wilhelm Matek
Dieter Muhs
Herbert Wittel

D1920548

Roloff/Matek Maschinenelemente Formelsammlung

3., verbesserte Auflage

V

Friedr. Vieweg & Sohn Braunschweig / Wiesbaden

1. Auflage 1987
2., durchgesehene Auflage 1987
1. ND 1988
2. ND 1988
3., verbesserte Auflage 1989

Der Verlag Vieweg ist ein Unternehmen der Verlagsgruppe Bertelsmann.

Alle Rechte vorbehalten
© Friedr. Vieweg & Sohn Verlagsgesellschaft mbH, Braunschweig 1989

Das Werk und seine Teile sind urheberrechtlich geschützt. Jede Vewertung in anderen als den gesetzlich zugelassenen Fällen bedarf deshalb der vorherigen schriftlichen Einwilligung des Verlages.

Umschlaggestaltung: Hanswerner Klein, Leverkusen
Satz: Vieweg, Braunschweig
Druck und buchbinderische Verarbeitung: Lengericher Handelsdruckerei, Lengerich
Printed in Germany

ISBN 3-528-24482-8

Inhaltsverzeichnis

Hinweise zur Benutzung der Formelsammlung

Die Fülle der notwendigen Berechnungsformeln zur Dimensionierung eines Maschinenelementes macht es notwendig, eine strukturierte Zusammenfassung für Konstrukteure in Studium und Praxis bereitzustellen. Damit diese Informationen rasch zugänglich sind, wurde die vorliegende Formelsammlung entsprechend gestaltet.

- **Tabelle der verwendeten Formelzeichen**

  Jedem Kapitel ist eine Tabelle der verwendeten Formelzeichen in der entsprechenden Einheit und mit der Benennung vorangestellt.

- **Wichtige Formeln**

  Zusammenhängend, beginnend mit Kapitel 3, werden die wichtigsten Formeln benannt und zum besseren Auffinden fortlaufend kapitelweise durchnumeriert. Aus Kapitel 1 und 2 sind keine Formeln aufgenommen. Der Bezug zum jeweiligen Zusammenhang im Lehrbuch ist durch die Spalte mit den Gleichungsnummern des Lehrbuchs gegeben. Bei Unsicherheiten kann so rasch nochmals die Herleitung verfolgt werden.

- **Hinweise und Erläuterungen**

  Breiter Raum wird für Hinweise gelassen, die zusätzliche Erläuterungen, Einschränkungen für den Gültigkeitsbereich aber auch die Fundstellen von Stoffwerten oder Diagrammen aus dem Tabellenbuch enthalten.

Die Verfasser hoffen, daß dieses zusätzliche Arbeitselement des Lehr- und Lernsystems Roloff/Matek Maschinenelemente den Benutzern in Ausbildung und Praxis eine wertvolle Hilfe sein wird. Hinweise und Anregungen die zur Verbesserung und Vervollständigung beitragen könnten, sind dankend willkommen.

Nürnberg, Braunschweig, Reutlingen
Sommer 1987

Wilhelm Matek
Dieter Muhs
Herbert Wittel

3 Festigkeit und zulässige Spannung

Formelzeichen	Einheit	Benennung
b_1	1	Oberflächenbeiwert
b_2	1	Größenbeiwert
R_e	N/mm²	Streckgrenze, Fließgrenze
R_m	N/mm²	Zugfestigkeit
$R_{p\,0,2}$	N/mm²	0,2-Dehngrenze
β_k	1	Kerbwirkungszahl
η_k	1	Kerbempfindlichkeitszahl
ν	1	Sicherheit, allgemein
ν_D	1	Sicherheit gegen Dauerbruch

Formelzeichen	Einheit	Benennung
σ_B, τ_B	N/mm²	statische Festigkeit, allgemein
σ_D, τ_D	N/mm²	Dauerfestigkeit
σ_F, τ_F	N/mm²	Fließgrenze, allgemein
σ_G, τ_G	N/mm²	Gestaltfestigkeit
σ_{nD}, τ_{nD}	N/mm²	Nenndauerfestigkeit
σ_{sch}, τ_{sch}	N/mm²	Schwellfestigkeit
σ_W, τ_W	N/mm²	Wechselfestigkeit
σ_{verh}, τ_{vorh}	N/mm²	vorhandene Spannung
σ_{zul}, τ_{zul}	N/mm²	zulässige Spannung

Nr.	Formel	Gl.-Nr.	Hinweise
1	Zulässige Spannung bei statischer Belastung		
	$\sigma_{zul}(\tau_{zul}) = \dfrac{\sigma_F(\tau_F) \text{ bzw. } R_{p\,0,2}}{\nu}$	(3.1)	$\nu \approx 1{,}2 \ldots 1{,}8$
	bzw.		
	$\sigma_{zul}(\tau_{zul}) = \dfrac{\sigma_B(\tau_B)}{\nu}$	(3.2)	$\nu \approx 1{,}5 \ldots 2{,}5$
2	Kerbwirkungszahl		Richtwerte für η_k
	$\beta_k = 1 + \eta_k(\alpha_k - 1)$	(3.3)	
	$\beta_k = \dfrac{\sigma_D}{\sigma_{nD}} > 1$	(3.4)	
3	Überschlägige Ermittlung der zulässigen Spannung bei dynamischer Belastung		
	$\sigma'_{zul}\ (\tau'_{zul}) \approx \dfrac{\sigma_D\ (\tau_D)}{3 \ldots 4}$	(3.7)	$\sigma_D \mathrel{\hat=} \sigma_{sch}$ bzw. σ_W nach A3-10ff. $\tau_D \mathrel{\hat=} \tau_{sch}$ bzw. τ_W nach A3-10ff.
4	Gestaltfestigkeit bei dynamischer Belastung		
	$\sigma_G\ (\tau_G) = \dfrac{\sigma_D\ (\tau_D) \cdot b_1 \cdot b_2}{\beta_k}$	(3.5)	β_k nach A3-6 bzw. A3-9
5	Zulässige Spannung bei dynamischer Belastung		
	$\sigma_{zul}\ (\tau_{zul}) = \dfrac{\sigma_G\ (\tau_G)}{\nu} = \dfrac{\sigma_D\ (\tau_D) \cdot b_1 \cdot b_2}{\beta_k \cdot \nu}$		$\sigma_D\ (\tau_D)$ s. unter Nr. 3 β_k wie zu Nr. 4 $\nu \approx 2$, wenn äußere Kräfte nicht genau zu erfassen sind oder bei prozentualer Häufigkeit der Höchstlast von 100 % $\nu \approx 1{,}5$ bei 50 % Häufigkeit der Höchstlast (Normalfall)
6	Sicherheit gegen Dauerbruch		
	$\nu_D = \dfrac{\sigma_G\ (\tau_G)}{\sigma_{vorh}\ (\tau_{vorh})} \geqslant \nu_{D\,erf} > 1$		

Richtwerte für η_k

Werkstoff	η_k
C-Stähle (St37 ... St70)	0,4 ... 0,8
Vergütungsstähle	0,6 ... 0,9
Federstähle	0,9 ... 1
Leichtmetalle	0,3 ... 0,6

4 Klebverbindungen

Formelzeichen	Einheit	Benennung
A_{Kl}	mm^2	Klebfugenfläche
b	mm	Klebfugenbreite
F	N	Schälkraft
F_m	N	Zerreißkraft (Mittelwert aus mehreren Scherversuchen)
$l_ü$	mm	Überlappungslänge
$R_{p0,2}$	N/mm^2	0,2-Dehngrenze
s	mm	kleinste Bauteildicke

Formelzeichen	Einheit	Benennung
ν	1	Sicherheitswert
σ'	N/mm	Schälfestigkeit
τ'_B	N/mm^2	statische Bindefestigkeit (Zug-Scherfestigkeit)
τ'_{dyn}	N/mm^2	dynamische Bindefestigkeit
τ'_{zul}	N/mm^2	zulässige Scherspannung

Nr.	Formel	Gl.-Nr.	Hinweise
1	statische Bindefestigkeit $\tau'_B = \frac{F_m}{A_{Kl}} = \frac{F_m}{l_ü \cdot b}$	(4.1)	Richtwerte (siehe Tabelle Klebstoffart)
2	Schälfestigkeit $\sigma' = \frac{F}{b}$	(4.2)	Richtwerte für σ' für 1 mm dicke mit Araldit verklebte Bleche aus (siehe Tabelle Werkstoffart)
3	dynamische Bindefestigkeit $\tau'_{dyn} \approx (0{,}2 \ldots 0{,}6) \cdot \tau'_B$	(4.3)	
4	zulässige Spannung für statisch bzw. dynamisch belastete Klebverbindungen $\tau'_{zul} = \frac{\tau'_B}{\nu}$ bzw. $\tau'_{zul} = \frac{\tau'_{dyn}}{\nu}$	(4.4)	$\nu \approx 1{,}5 \ldots 2{,}5$
5	Überlappungslänge $l_ü \approx 0{,}1 \cdot R_{p0,2} \cdot s$ bzw. $l_ü \approx (10 \ldots 20) \cdot s$	(4.5)	

Richtwerte

Klebstoffart	τ'_B (N/mm^2)
kalt abbindend	15 ... 30
warm abbindend	30 ... 50

Richtwerte für σ' für 1 mm dicke mit Araldit verklebte Bleche aus

Werkstoffart	σ' (N/mm)
Reinaluminium	2
Legierung AlMg	25
Legierung AlCuMg	35

5 Lötverbindungen

Formelzeichen	Einheit	Benennung
$A_{Löt}$	mm^2	Lötnahtfläche
F	N	von der Lötfläche aufzunehmende Schubkraft
$l_ü$	mm	Überlappungslänge
R_m	N/mm^2	Zugfestigkeit
s	mm	kleinste Bauteildicke

Formelzeichen	Einheit	Benennung
ν	1	Sicherheitswert
σ	N/mm^2	auftretende Zugspannung
σ_{zul}	N/mm^2	zulässige Zugspannung
τ	N/mm^2	auftretende Schubspannung
τ_{aB}	N/mm^2	Abscherfestigkeit
$\tau_{a\,zul}$	N/mm^2	zulässige Schubspannung

Nr.	Formel	Gl.-Nr.	Hinweise
1	von der Lötnaht aufzunehmende Spannung $\tau = \frac{F}{A_{Löt}} \leqslant \tau_{a\,zul}$ bzw. $\sigma_z = \frac{F}{A_{Löt}} \leqslant \sigma_{z\,zul}$	(5.1)	
2	zulässige Spannung $\tau_{a\,zul} = \frac{\tau_{aB}}{\nu}$ bzw. $\sigma_{z\,zul} = \frac{R_m}{\nu}$	(5.2)	Für Überlappungsverbindungen aus St/St kann gesetzt werden Lotart — τ_{aB} (N/mm^2) Blei-, Zinnlote — 20 ... 50 Kupferlote — 150 ... 170 Messinglote — 160 ... 200 Silberlote — 170 ... 270 $R_m \approx (1{,}5 \ldots 2) \cdot \tau_{aB}$ $\nu \approx 2 \ldots 3$
3	zu empfehlende Überlappungslänge $l_ü \approx (4 \ldots 6) \cdot s$	(5.3)	

6 Schweißverbindungen

Formelzeichen	Einheit	Benennung
A	mm^2	druckbelastete projizierte Fläche für zylindrische und kugelige Grundkörper
a	mm	rechnerische Nahtdicke
b	mm	mittragende Breite des Knotenbleches
c_1	mm	Zuschlag zur Berücksichtigung von Wanddickenunterschreitungen bei Druckbehältern
c_2	mm	Abnutzungszuschlag zur Wanddicke bei Druckbehältern
D	mm	Berechnungsdurchmesser ebener Platten und Böden
D_a	mm	äußerer Mantel- bzw. Kugeldurchmesser
d	mm	rechnerischer Schweißpunktdurchmesser
e	mm	Abstand der Stabschwerachse vom Stabrand
e_d, e_z	mm	Randabstand, gemessen auf der Biegedruck- bzw. Biegezugseite
F	N	Stabkraft, zu übertragende Kraft
F_q	N	Querkraft
H	mm^3	Flächenmoment 1. Grades
I, I_x, I_{erf}	mm^4	Flächenmoment 2. Grades
i	mm	Trägheitsradius
K	N/mm^2	Festigkeitskennwert der Behälterwerkstoffe
L	mm	ausgeführte Nahtlänge
l	mm	rechnerische Nahtlänge
l_k	mm	Knicklänge bei Druckstäben
M_b	Nmm	Biegemoment
m	1	Anzahl der Scherfugen (Schnittigkeit)
n	1	Anzahl der Schweißpunkte
p_e	N/mm^2	höchstzulässiger Betriebsdruck (Berechnungsdruck)
S	mm^2	Querschnittsfläche eines Bauteiles bzw. Schweißpunktes
S_w	mm^2	rechnerische Schweißnahtfläche
T	Nmm	Torsionsmoment
t	mm	Blechdicke, Bauteildicke
t_e	mm	ausgeführte Wanddicke bei Druckbehältern
t_K	mm	Knotenblechdicke
t_{min}	mm	kleinere Dicke der Bauteile bei Punktschweißverbindungen
v	1	Faktor zur Berücksichtigung der Ausnutzung der zulässigen Berechnungsspannung in der Schweißnaht (Druckbehälter)
W_d, W_z	mm^3	auf den Biegedruck- bzw. den Biegezugrand bezogenes Widerstandsmoment des Stabquerschnittes
W_t, W_{wt}	mm^3	Torsionswiderstandsmoment des Bauteiles bzw. der Schweißnaht
W_w	mm^3	Widerstandsmoment der Schweißnahtfläche
β	1	Berechnungsbeiwert für gewölbte Böden
κ	1	Grenzspannungsverhältnis
λ	1	Schlankheitsgrad
ν	1	Sicherheitsbeiwert für Druckbehälter
σ	N/mm^2	Normalspannung in einem Bauteil Summe der Absolutbeträge gedachter Druckspannungen beim Knickspannungsnachweis
σ_{bz}	N/mm^2	Biegezugspannung
$\sigma_{d\,zul}$	N/mm^2	zulässige Druckspannung
σ_{max}	N/mm^2	maximale Normalspannung
σ_v	N/mm^2	Vergleichsspannung im Bauteil
σ_w	N/mm^2	Normalspannung in der Schweißnaht
$\sigma_{wb}, \sigma_{wd}, \sigma_{wz}$	N/mm^2	Normalspannung in der Schweißnaht, hervorgerufen durch Biege-, Druck- oder Zugbeanspruchung
$\sigma_{w\,max}$	N/mm^2	maximale Normalspannung in der Schweißnaht

Formelzeichen	Einheit	Benennung
$\sigma_{wd\,zul}$, $\sigma_{wz\,zul}$	N/mm^2	zulässige Druck- bzw. Zugspannung für Schweißnähte
σ_{wv}	N/mm^2	Vergleichswert bzw. Vergleichsspannung in Schweißnähten
σ_z	N/mm^2	Zugspannung im Bauteil (Zugstab)
σ_{zul}	N/mm^2	zulässige Spannung im Bauteil
$\sigma_{z\,zul}$	N/mm^2	zulässige Zugspannung im Bauteil (Zugstab)
σ_ω	N/mm^2	ideelle ω-Spannung bei Knickuntersuchung nach dem ω-Verfahren
$\sigma_{\omega x}$, $\sigma_{\omega y}$	N/mm^2	ideelle ω-Spannung für Spannungsnachweis bezogen auf die Hauptachse $x-x$ bzw. $y-y$ des Druckstabes
τ, τ_t	N/mm^2	Schubspannung bzw. Verdrehspannung im Bauteil
τ_w, τ_{wt}	N/mm^2	Schubspannung bzw. Verdrehspannung in der Schweißnaht
τ_{zul}, $\tau_{w\,zul}$	N/mm^2	zulässige Schubspannung für das Bauteil bzw. die Schweißnaht
ω	1	Knickzahl
ω_x, ω_y	1	Knickzahl für den auf die Achse $x-x$ bzw. $y-y$ bezogenen Schlankheitsgrad

Nr.	Formel	Gl.-Nr.	Hinweise
	6.10.3 Stahlbauteile (Zug- und Druckstäbe, Knotenbleche)		
	Mittig angeschlossene Zugstäbe		
1	– Zugspannung $\sigma_z = \frac{F}{S} \leqslant \sigma_{z\,zul}$	(6.1)	$\sigma_{z\,zul}$ – im Stahlbau nach A3-2a – im Kranbau nach A3-3a – für Alu-Konstruktionen nach A3-4a Profile nach A1-8 bis A1-13
2	– erforderliche Stabquerschnittsfläche $S_{erf} = \frac{F}{\sigma_{z\,zul}}$	(6.2)	
	Außermittig angeschlossene Zugstäbe		
3	– Biegespannung am Biegezugrand $\sigma_{bz} = \frac{M_b}{W_z} = \frac{F(e + 0{,}5\,t)\,e}{I} \approx \frac{F \cdot e^2}{I}$	(6.3)	*Beachte:* Bei Zugstäben mit einem Winkelquerschnitt darf die Biegespannung unberücksichtigt bleiben, wenn bei Anschlüssen mit Flankenkehlnähten (die mindestens so lang wie die Gurtschenkelbreite sind) die aus der mittig gedachten Längskraft stammende Zugspannung 0,8 σ_{zul} nicht überschreitet.
4	– max. Spannung am Biegezugrand $\sigma_{max} = \sigma_z + \sigma_{bz} \leqslant \sigma_{z\,zul}$	(6.4)	
	Druckstäbe		
5	– grobe Vorbemessung $S_{erf} \approx \frac{F}{12} \cdots \frac{F}{10}$	(6.5a)	S_{erf}: cm^2; F: kN
	$I_{erf} \approx 0{,}12 \cdot F \cdot l_k^2$	(6.5b)	I_{erf}: cm^4; F: kN; l_k: m
6	– einteilige Druckstäbe mit mittiger Belastung $\sigma_\omega = \frac{F \cdot \omega}{S} \leqslant \sigma_{d\,zul}$	(6.6)	$\sigma_{d\,zul}$ nach A3-2a bzw. A3-3a ω nach A6-2 mit $\lambda = l_k / i_{min}$
7	– zweiteilige Druckstäbe mit mittiger Belastung $\sigma_{\omega x} = \frac{F \cdot \omega_x}{S} \leqslant \sigma_{d\,zul}$	(6.7a)	
	$\sigma_{\omega y} = \frac{F \cdot \omega_y}{S} \leqslant \sigma_{d\,zul}$	(6.7b)	

<table>
<tr><th>Nr.</th><th>Formel</th><th>Gl.-Nr.</th><th>Hinweise</th></tr>
<tr><td>8</td><td>– mit Biegebeanspruchung
$\sigma = \omega \left| \frac{F}{S} \right| + 0{,}9 \left| \frac{M_b}{W_d} \right| \leqslant \sigma_{d\,zul}$
bei $e_z > e_d$ außerdem
$\sigma = \omega \left| \frac{F}{S} \right| + \frac{300 + 2\lambda}{1000} \left| \frac{M_b}{W_z} \right| \leqslant \sigma_{d\,zul}$</td><td>(6.8)

(6.9)</td><td>Zuerst ist der gewöhnliche Spannungsnachweis auf Druck und Biegung zu führen. Bei Stabquerschnitten, deren Schwerpunkt dem Biegedruckrand näher als dem Biegezugrand liegt ($e_z > e_d$), müssen die Bedingungen beider Gln. (6.8) und (6.9) erfüllt sein.</td></tr>
<tr><td>9</td><td>Knotenbleche
Spannungsnachweis
$\sigma = \frac{F}{b \cdot t_K} \leqslant \sigma_{zul}$</td><td>(6.10)</td><td>Bestimmung der mittragenden Breite b:
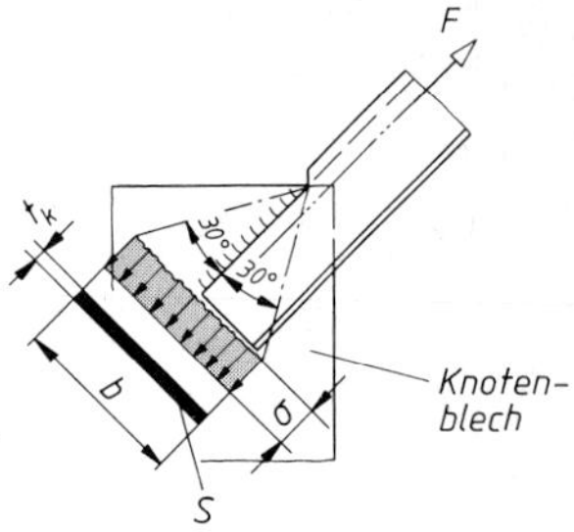</td></tr>
<tr><td></td><td colspan="3">6.10.4 Schweißnähte im Stahlbau</td></tr>
<tr><td>10</td><td>Zug-, Druck- oder Schubspannung in der Naht
σ_w bzw. $\tau_w = \frac{F}{S_w} = \frac{F}{\Sigma(a \cdot l)} \leqslant \sigma_{w\,zul}$ bzw. $\tau_{w\,zul}$</td><td>(6.11)</td><td rowspan="2">Kehlnahtdicke:
$a_{min} \geqslant (\sqrt{t_{max}} - 0{,}5\ \text{mm}) \geqslant 2\ \text{mm}$
$a_{max} \leqslant 0{,}7\ t_{min}$
<table><tr><td>Nahtdicke a</td><td>2</td><td>2,5</td><td>3</td><td>3,5</td><td>4</td><td>4,5</td><td>5</td></tr><tr><td>größtzulässige Bauteildicke</td><td>6</td><td>9</td><td>12</td><td>16</td><td>20</td><td>25</td><td>30</td></tr></table>In Stabanschlüssen gilt: $100a \geqslant l \geqslant 15\,(10)\,a$
$\sigma_{w\,zul}$, $\tau_{w\,zul}$ nach A6-1</td></tr>
<tr><td>11</td><td>Biegespannung in der Naht
$\sigma_{wb} = \frac{M_b}{W_w} \leqslant \sigma_{w\,zul}$
zusammengesetzte Beanspruchung in der Naht</td><td>(6.12)</td></tr>
<tr><td>12</td><td>– max. Gesamtspannung (Biegung + Zug/Druck)
$\sigma_{w\,max} = \sigma_{wb} + \sigma_{wz\,(d)} \leqslant \sigma_{w\,zul}$</td><td>(6.13)</td><td></td></tr>
<tr><td>13</td><td>– Vergleichswert in Kehlnähten oder HY-Nähten
$\sigma_{wv} = \sqrt{\sigma_w^2 + \tau_w^2} \leqslant \sigma_{w\,zul}$
allgemein
$\sigma_{wv} = \sqrt{\sigma_w^2 + \tau_w^2 + \tau_{w1}^2} \leqslant \sigma_{w\,zul}$</td><td>(6.14)</td><td></td></tr>
<tr><td>14</td><td>– Vergleichswert im Kranbau
$\sigma_{wv} = \sqrt{\bar{\sigma}_w^2 + 2 \cdot \tau_w^2} \leqslant \sigma_{z\,zul}$</td><td>(6.15)</td><td>$\bar{\sigma}_w$ aus $\bar{\sigma}_w = \frac{\sigma_{z\,zul}}{\sigma_{wz\,zul}} \sigma_{wz}$ oder
$\bar{\sigma}_w = \frac{\sigma_{z\,zul}}{\sigma_{wd\,zul}} \sigma_{wd}$;
mit $\sigma_{z\,zul}$ nach A3-3a, $\sigma_{wz\,zul}$ und $\sigma_{wd\,zul}$ nach A6-1b</td></tr>
<tr><td>15</td><td>Schubspannung in der Trägerlängs- (Hals-)naht bei Querkraftbiegung
$\tau = \frac{F_q \cdot H}{I \cdot \Sigma a}$</td><td>(6.16)</td><td></td></tr>
</table>

Nr.	Formel	Gl.-Nr.	Hinweise
	6.11 Druckbehälterbau		
16	erforderliche Wanddicke des zylindrischen Behältermantels $t = \dfrac{D_a \cdot p_e}{2\dfrac{K}{\nu} v + p_e} + c_1 + c_2$	(6.17a)	Festigkeitskennwert K ($R_{p0,2\,\vert\,\vartheta}$, $R_{m\,\vert\,10^5\,\vert\,\vartheta}$ bzw. $R_{p\,1.0\,\vert\,10^5\,\vert\,\vartheta}$) bei Berechnungstemperatur nach A6-3 ν nach A6-5 Faktor v: üblich $v = 1{,}0$, bei verringertem Prüfaufwand $v = 0{,}85$, für nahtlose Bauteile $v = 1{,}0$, hartgelötet $v = 0{,}8$ c_1 für Flacherzeugnisse aus Stahl nach A1-7 (Minustoleranz) $c_2 = 1$ mm bei ferritischen Stählen und $t_e < 30$ mm $c_2 > 1$ mm bei starker Korrosion $c_2 = 0$ bei $t_e \geqslant 30$ mm oder korrosionsgeschützten Stählen
17	erforderliche Wanddicke der Kugel $t = \dfrac{D_a \cdot p_e}{4\dfrac{K}{\nu} v + p_e} + c_1 + c_2$	(6.17b)	
18	erforderliche Wanddicke gewölbter Böden (Krempe) $t = \dfrac{D_a \cdot p_e \cdot \beta}{4\dfrac{K}{\nu} v} + c_1 + c_2$	(6.18)	Berechnungsbeiwert β: Für Vollböden in Halbkugelform gilt im Bereich $x = 0{,}5\sqrt{R\,(t - c_1 - c_2)}$ neben der Anschlußnaht: $\beta = 1{,}1$ Für Vollböden und Böden mit ausreichend verstärkten Ausschnitten im Scheitelbereich $0{,}6\,D_a$ gilt mit $y = (t_e - c_1 - c_2)/D_a$ für die – Klöpperform: $\beta = 1{,}9 + \dfrac{0{,}0325}{y^{0,7}} + y$ – Korbbogenform: $\beta = 1{,}55 + \dfrac{0{,}0255}{y^{0,625}}$ $v = 1$ bei einteiligen und geschweißten Böden in üblicher Ausführung
19	erforderliche Wanddicke für ebene Platten und Böden $t = C \cdot D \sqrt{\dfrac{p_e \cdot \nu}{K}}$	(6.19)	C nach A6-6 D nach Lehrbuch, Bild 6-37
20	Festigkeitsbedingung für Ausschnitte in der Behälterwand $\sigma_v = p_e \left(\dfrac{A}{S} + \dfrac{1}{2}\right) \leqslant \dfrac{K}{\nu}$	(6.20)	Berechnungsschema 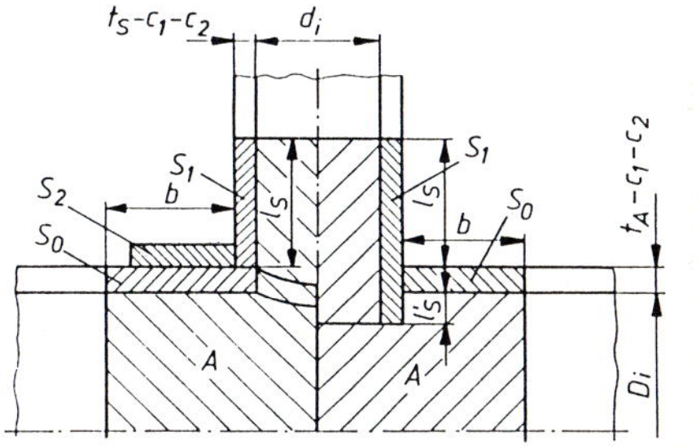 $S = S_0 + S_1 + S_2 + \ldots$ mit den tragenden Längen $b = \sqrt{(D_i + t_A - c_1 - c_2) \cdot (t_A - c_1 - c_2)}$ und $l_S = 1{,}25\sqrt{(d_i + t_s - c_1 - c_2) \cdot (t_s - c_1 - c_2)}$

Schweißverbindungen

<table>
<tr><th>Nr.</th><th>Formel</th><th>Gl.-Nr.</th><th>Hinweise</th></tr>
<tr><td></td><td colspan="3">6.12 Maschinenbau</td></tr>
<tr><td>21</td><td>rechnerische, nutzbare Nahtlänge
$l = L - 2a$</td><td>(6.21)</td><td>Der Endkraterabzug entfällt bei umlaufenden, geschlossenen Nähten oder endkraterfreier Nahtausführung.</td></tr>
<tr><td>22</td><td>Zug-, Druck- oder Schubspannung in der Naht
σ_w bzw. $\tau_w = \dfrac{F}{S_w} = \dfrac{F}{\Sigma(a \cdot l)} \leqslant \sigma_{w\,zul}$ bzw. $\tau_{w\,zul}$</td><td>(6.11)</td><td>Kehlnahtdicke: $a_{min} \geqslant 3$ mm
$a_{max} \leqslant 0{,}7\ t_{min}$ bei einseitiger Kehlnaht
$a_{max} \leqslant 0{,}4\ t_{min}$ bei Doppelkehlnaht
Nr. 22 bis 24:
F, M_b und T unter Berücksichtigung des Betriebsfaktors c_B nach A3-5a</td></tr>
<tr><td>23</td><td>Biegespannung in der Naht
$\sigma_{wb} = \dfrac{M_b}{W_w} \leqslant \sigma_{w\,zul}$</td><td>(6.12)</td><td>$\sigma_{w\,zul}$, $\tau_{w\,zul}$ und τ_{zul} nach A6-8</td></tr>
<tr><td>24</td><td>Verdrehspannung in der Naht bzw. dem Bauteil
$\tau_{wt} = \dfrac{T}{W_{wt}} \leqslant \tau_{w\,zul}$ bzw. $\tau_t = \dfrac{T}{W_t} \leqslant \tau_{zul}$</td><td>(6.22)</td><td>$W_{wt} \mathrel{\hat{=}} W_p \approx (D^4 - d^4)/(5\,D)$ für Kreisringquerschnitt
$W_{wt} \approx 2 \cdot A_m \cdot a$ für Hohlquerschnitte (Bredtsche Formel)</td></tr>
<tr><td>25</td><td>zusammengesetzte Beanspruchung in der Naht bzw. dem Bauteil
– max. Gesamtspannung (Biegung + Zug/Druck)
$\sigma_{w\,max} = \sigma_{wb} + \sigma_{wz\,(d)} \leqslant \sigma_{w\,zul}$</td><td>(6.13)</td><td></td></tr>
<tr><td>26</td><td>– Vergleichsspannung für Schweißnähte (Normalspannungshypothese)
$\sigma_{wv} = 0{,}5\,(\sigma_w + \sqrt{\sigma_w^2 + 4 \cdot \tau_w^2}) \leqslant \sigma_{w\,zul}$</td><td>(6.23)</td><td>$\sigma_{w\,zul}$ nach A6-8</td></tr>
<tr><td>27</td><td>– Vergleichsspannung für Bauteile (GE-Hypothese)
$\sigma_v = \sqrt{\sigma^2 + 3 \cdot \tau^2} \leqslant \sigma_{zul}$</td><td>(6.24)</td><td>$\sigma_{zul}$ nach A6-8</td></tr>
<tr><td>28</td><td>– Festigkeitsbedingung bei zusammengesetzter Beanspruchung
$\left(\dfrac{\sigma_w}{\sigma_{w\,zul}}\right)^2 + \left(\dfrac{\tau_w}{\tau_{w\,zul}}\right)^2 \leqslant 1$ bzw.
$\left(\dfrac{\sigma}{\sigma_{zul}}\right)^2 + \left(\dfrac{\tau}{\tau_{zul}}\right)^2 \leqslant 1$</td><td>(6.25)</td><td>$\sigma_{w\,zul}$, $\tau_{w\,zul}$, σ_{zul}, τ_{zul} nach A6-8</td></tr>
<tr><td></td><td colspan="3">6.13 Punktschweißverbindungen</td></tr>
<tr><td>29</td><td>Scherspannung
$\tau_w = \dfrac{F}{n \cdot m \cdot S} \leqslant \tau_{w\,zul}$</td><td>(6.26)</td><td>$S = d^2 \cdot \pi/4$, mit $d \leqslant 5\sqrt{t}$
Richtwerte für d:<table><tr><td>Kleinste Blechdicke t</td><td>1,5</td><td>2</td><td>3</td><td>4</td><td>5</td></tr><tr><td>Punktdurchmesser d</td><td>5</td><td>6</td><td>8</td><td>10</td><td>12</td></tr></table></td></tr>
<tr><td>30</td><td>Lochleibungsdruck
$\sigma_{wl} = \dfrac{F}{n \cdot d \cdot t_{min}} \leqslant \sigma_{wl\,zul}$</td><td>(6.27)</td><td>$\tau_{w\,zul} \leqslant 0{,}65 \cdot \sigma_{zul}$
$\sigma_{wl\,zul} \leqslant 1{,}8 \cdot \sigma_{zul}$ für einschnittige Verbindungen
$\sigma_{wl\,zul} \leqslant 2{,}5 \cdot \sigma_{zul}$ für zweischnittige Verbindungen
mit σ_{zul} nach A3-2a, Zeile 2</td></tr>
</table>

7 Nietverbindungen

Formelzeichen	Einheit	Benennung
c	1	Faktor im Lastfall H_S zur Berücksichtigung des Kriecheinflusses bei Aluminiumkonstruktionen
d	mm	Schaftdurchmesser des geschlagenen Niets
d_1	mm	Nenndurchmesser des ungeschlagenen Niets (Rohnietdurchmesser)
F	N	zu übertragende Kraft
$F_{\text{SLP zul}}$	kN	zulässige übertragbare Scherkraft eines Niets je Scherfläche
l	mm	Rohniet-Schaftlänge
$l_{ü}$	mm	zur Schließkopfbildung und Nietlochfüllung erforderlicher Überstand des Nietschaftes
m	1	Anzahl der Scherfugen (Schnittigkeit)
n	1	Anzahl der kraftübertragenden Niete
n_a, n_l	1	erforderliche Nietzahl aufgrund der zulässigen Abscherspannung bzw. des zulässigen Lochleibungsdruckes
S	mm^2	Querschnittsfläche des geschlagenen Niets
t, t_1	mm	Blechdicke
$t_{\min}$	mm	kleinste Summe der Blechdicken mit in gleicher Richtung wirkendem Lochleibungsdruck
Σt	mm	Klemmlänge, d.h. die Gesamtdicke aller zu vernietenden Teile
$\sigma_{\text{c zul}}, \tau_{\text{c zul}}$	N/mm^2	zulässige Spannungen im Lastfall H_S für Konstruktionsteile und Verbindungsmittel bei Aluminiumkonstruktionen
$\sigma_H, \sigma_{H_S}, \tau_H, \tau_{H_S}$	N/mm^2	vorhandene Spannungen im Lastfall H bzw. H_S bei Aluminiumkonstruktionen
σ_l	N/mm^2	Lochleibungsdruck zwischen Niet und Lochwand des Bauteiles
$\sigma_{l\,\text{zul}}$	N/mm^2	zulässiger Lochleibungsdruck
τ_a	N/mm^2	Abscherspannung im Niet
$\tau_{\text{a zul}}$	N/mm^2	zulässige Abscherspannung im Niet

Nr.	Formel	Gl.-Nr.	Hinweise
1	Rohnietdurchmesser (Stahlbau) $d_1 \approx \sqrt{50 \cdot t} - 2\ \text{mm}$	(7.1)	d_1 | t: mm | mm Empfehlungen für die Wahl der Niet-(Schrauben-) Durchmesser s. A7-1
2	Rohnietlänge $l = \Sigma t + l_{ü}$	(7.2)	Schließkopf als – Halbrundkopf: bei Maschinennietung: $l_{ü} \approx (4/3) \cdot d_1$ bei Handnietung: $l_{ü} \approx (7/4) \cdot d_1$ – Senkkopf: $l_{ü} = (0{,}6 \ldots 1{,}0) \cdot d_1$ Normlängen s. A7-1
3	Abscherspannung $\tau_a = \dfrac{F}{n \cdot m \cdot S} \leqslant \tau_{\text{a zul}}$	(7.3)	zulässige Spannungen: – im *Stahlbau* nach A3-2b bzw. A3-2a – im *Kranbau* nach A3-3b – für *Aluminiumkonstruktionen* nach A3-4; überschreitet σ_{H_S}/σ_H bzw. τ_{H_S}/τ_H den Wert 0,5, so sind mit $c = 1 - 0{,}4\,(\sigma_{HS}/\sigma_H - 0{,}5)$ bzw. $1 - 0{,}4\,(\tau_{H_S}/\tau_H - 0{,}5)$ die zul. Spannungen abzumindern. Es gilt: $\sigma_{\text{c zul}} = c \cdot \sigma_{\text{zul}}$ bzw. $\tau_{\text{c zul}} = c \cdot \tau_{\text{zul}}$
4	Lochleibungsdruck $\sigma_l = \dfrac{F}{n \cdot d \cdot t_{\min}} \leqslant \sigma_{l\,\text{zul}}$	(7.4)	
5	erforderliche Nietzahl $n_a \geqslant \dfrac{F}{\tau_{\text{a zul}} \cdot m \cdot S} = \dfrac{F}{m \cdot F_{\text{SLP zul}}}$ $n_l \geqslant \dfrac{F}{\sigma_{l\,\text{zul}} \cdot d \cdot t_{\min}}$	(7.5a) (7.5b)	– im *Maschinenbau* bei dynamischer Beanspruchung gilt mit den zul. Bauteilspannungen $\sigma_{\text{zul}} = \sigma_{\text{w zul}}$ bzw. $\sigma_{\text{Sch zul}}$ nach A7-5 für ein-(zwei-)schnittige Verbindungen: $\tau_{\text{a zul}} = 0{,}6\ (0{,}8) \cdot \sigma_{\text{zul}}$ $\sigma_{l\,\text{zul}} = 1{,}5\ (2{,}0) \cdot \sigma_{\text{zul}}$ – für *Kunststoffe* nach A7-6

8 Schraubenverbindungen

Formelzeichen	Einheit	Benennung
A	mm^2	Querschnitt, allgemein
A_p	mm^2	Auflagefläche des Schraubenkopfes bzw. der Mutter
A_s	mm^2	Spannungsquerschnitt des Schraubengewindes
A_T	mm^2	Taillen- oder Dehnschaftquerschnitt
A_Z	mm^2	Querschnittsfläche eines Ersatz-Hohlzylinders mit der gleichen elastischen Nachgiebigkeit wie die verspannten Teile
A_3	mm^2	Kernquerschnitt des Schraubengewindes
a	1	Werkstoffkonstante zur Berechnung der Querschnittsfläche des Ersatz-Hohlzylinders
C_S	N/mm	Federsteifigkeit der Schraube
C_T	N/mm	Federsteifigkeit der verspannten Teile
D_A	mm	Außendurchmesser einer verspannten Hülse
d	mm	Schraubendurchmesser (Nenndurchmesser)
d_a	mm	Außendurchmesser der Kopf- bzw. Mutterauflage
d_h	mm	Durchmesser des Durchgangsloches in den verspannten Teilen
d_2	mm	Flankendurchmesser des Schraubengewindes
d_3	mm	Kerndurchmesser des Schraubengewindes
E	N/mm^2	Elastizitätsmodul, allgemein
E_S	N/mm^2	Elastizitätsmodul des Schraubenwerkstoffes
E_T	N/mm^2	Elastizitätsmodul der verspannten Teile
F	N	Kraft, allgemein
F_a	N	Ausschlagkraft bei schwingender Belastung der Schraube
F_B	N	Betriebskraft in Längsrichtung der Schraube
$F_{B\,min}$, $F_{B\,max}$	N	Kleinst- und Höchstwert der Betriebskraft
F_{BS}	N	Zusatzkraft; Anteil der Betriebskraft, mit der die Schraube zusätzlich belastet wird
$F_{BS\,min}$, $F_{BS\,max}$	N	Kleinst- und Höchstwert der Zusatzkraft
F_{BT}	N	Entlastungskraft; Anteil der Betriebskraft, der die verspannten Teile entlastet
$F_{GV,z}$, $F_{GVP,z}$	N	zulässige übertragbare Kraft einer Schraube je Reibfläche (Scherfläche) senkrecht zur Schraubenachse in einer GV- bzw. GVP-Verbindung mit gleichzeitiger Zugbeanspruchung aus äußerer Belastung
$F_{GV\,zul}$, $F_{GVP\,zul}$	N	zulässige übertragbare Kraft einer Schraube je Reibfläche (Scherfläche) senkrecht zur Schraubenachse in einer GV- bzw. GVP-Verbindung
F_{Kl}	N	Klemmkraft, die für Dichtfunktionen, Reibschluß und Verhinderung des einseitigen Abhebens an der Trennfuge erforderlich ist
F_m	N	Mittelkraft; ruhend gedachte Kraft, um die bei schwingender Beanspruchung der Schraube die Ausschlagkraft pendelt
F_{max}	N	größte, tangential gerichtete Schraubenkraft bei momentbelasteten Anschlüssen
F_n	N	Normalkraft
$F_{Q\,ges}$	N	Gesamtquerkraft; von der Schraubenverbindung aufzunehmende, senkrecht zur Schraubenachse gerichtete Kraft
F_{res}	N	resultierende Schraubenkraft in momentbelasteten Anschlüssen
$F_{R\,ges}$	N	gesamte Reibungskraft bei reibschlüssigen Schraubenverbindungen
$F_{S\,ges}$	N	Gesamtschraubenkraft
$F_{S\,max}$	N	maximale Schraubenkraft
$F_{SLP\,zul}$	N	zulässige übertragbare Kraft einer Schraube je Scherfläche senkrecht zur Schraubenachse in einer SLP-Verbindung
F_{sp}	N	axiale Spannkraft der Schraube bei 90 %iger Ausnutzung der Streckgrenze durch die Vergleichsspannung
F_V	N	Vorspannkraft der Schraube
ΔF_V	N	Vorspannkraftverlust infolge Setzens im Betrieb
F_{VM}	N	Montagevorspannkraft
$F_{V\,min}$	N	kleinste Montagevorspannkraft die sich bei F_{VM} infolge Ungenauigkeit des Anziehverfahrens einstellt

Formelzeichen	Einheit	Benennung
F_x, F_y	N	auf einen momentbelasteten Anschluß wirkende Normal- bzw. Querkraft
$F_{x\,ges}, F_{y\,ges}$	N	waagerechte bzw. senkrechte Komponente der Schraubenkraft in momentbelasteten Anschlüssen
F_z	N	in Richtung der Schraubenachse wirkende Zugkraft je Schraube
F_{zul}	N	zulässige übertragbare Kraft je Schraube und je Scher- bzw. Reibungsfläche
$F_{z\,zul}$	N	zulässige, zusätzlich übertragbare Zugkraft je vorgespannte Schraube
$F_{0,2}$	N	Schraubenkraft an der Mindeststreckgrenze bzw. 0,2 %-Dehngrenze
f_S	mm	Verlängerung der Schraube durch F_V
f_T	mm	Verkürzung der verspannten Teile durch F_V
f_z	mm	Setzbetrag
H_1	mm	Flankenüberdeckung des Gewindes
k	1	Faktor zur Berücksichtigung des Bauteilwerkstoffes
k_A	1	Anziehfaktor
k_L	1	Lockerungsfaktor
l	mm	Länge, allgemein
l_k	mm	Klemmlänge bzw. rechnerische Knicklänge
l_1	mm	Länge des Muttergewindes bei Bewegungsschrauben
l_1, l_2 ...	mm	Länge der federnden Einzelelemente der Schraube bzw. bei Konsolanschlüssen Abstände der zugbeanspruchten Schrauben vom Druckmittelpunkt
l'	mm	erfahrungsgemäß mitfedernde Länge des Schraubenkopfes und des Gewindes
M_A	Nm	Anziehmoment bei der Montage
M_b	Nm	Biegemoment
M_{RG}	Nm	Gewindereibungsmoment
M_S	Nm	Anschlußmoment im Schwerpunkt S der Schraubenverbindung bei momentbelasteten Anschlüssen
M_{sp}	Nm	Spannmoment (Anziehmoment zum Vorspannen einer Schraube auf F_{sp})
m	1	Schnittigkeit (Anzahl der Scher- bzw. Reibungsflächen)
n	1	Anzahl der kraftübertragenden Schrauben
P	mm	Steigung bei eingängigen Gewinden bzw. Teilung bei mehrgängigen Gewinden
P_h	mm	Steigung bei mehrgängigen Gewinden
p	N/mm^2	Flächenpressung
p_G	N/mm^2	Grenzflächenpressung, maximal zulässige Pressung unter dem Schraubenkopf
p_{zul}	N/mm^2	zulässige Flächenpressung der Gewindeflanken
q	1	Krafteinleitungsfaktor; $q \cdot l_k$ gibt die Dicke des durch die axiale Betriebskraft entlasteten Bereichs der verspannten Teile an
$R_{p\,0,2}$	N/mm^2	0,2 %-Dehngrenze des Schraubenwerkstoffes
r	mm	direkter Abstand der Schraube vom Schwerpunkt der Verbindung
r_A	mm	wirksamer Hebelarm für das Reibungsmoment in der Schraubenkopf- oder Mutterauflage
r_{max}	mm	Abstand der am weitesten vom Schwerpunkt entfernten Schraube
S	mm^2	Schaftquerschnittsfläche der Schrauben, Stabquerschnittsfläche
S_n	mm^2	nutzbare Stabquerschnittsfläche
T	Nm	Torsionsmoment, Drehmoment
t_{min}	mm	kleinste Summe der Bauteildicken mit in gleicher Richtung wirkendem Lochleibungsdruck
v	1	Verschwächungsverhältnis (Verhältnis der geschwächten zur ungeschwächten Querschnittsfläche eines Stabes)
W_p	mm^3	polares Widerstandsmoment
x, y	mm	Koordinatenabstände der Schrauben vom Schwerpunkt der Verbindung
x_{max}, y_{max}	mm	Koordinatenabstand der am weitesten vom Schwerpunkt der Verbindung entfernten Schraube
z	1	Anzahl der von der größten Zugkraft beanspruchten Schrauben in Konsolanschlüssen
α_0	1	Anstrengungsverhältnis
β	1	Nachgiebigkeitsfaktor der Schraube
η	1	Wirkungsgrad der Schraube

Schraubenverbindungen

Formelzeichen	Einheit	Benennung
κ	1	Reduktionsfaktor (σ_{red}/σ_{VM})
λ	1	Schlankheitsgrad der Gewindespindel
λ_0	1	Grenzschlankheit (Übergang vom elastischen in den unelastischen Bereich)
μ	1	Reibungszahl
μ_{ges}	1	Gesamtreibungszahl (mittlere Reibungszahl für Gewinde und Kopfauflage)
μ_K	1	Reibungszahl in der Kopfauflage
ν	1	Sicherheitsbeiwert
ν_{erf}	1	erforderliche Sicherheit
ρ_G	°	Reibungswinkel des Gewindes
σ_A	N/mm²	Ausschlagfestigkeit der Schraube
σ_a	N/mm²	Dauerschwingbeanspruchung der Schraube (Ausschlagspannung)
$\sigma_{d\,(z)}$, $\sigma_{d\,(z)\,zul}$	N/mm²	Druck-(Zug-)spannung, zulässige Druck-(Zug-)spannung
σ_K	N/mm²	Knickspannung
σ_l	N/mm²	Lochleibungsdruck zwischen Schraube und Lochwand
$\sigma_{l\,zul}$	N/mm²	zulässiger Lochleibungsdruck
σ_{red}, σ_v	N/mm²	reduzierte Spannung, Vergleichsspannung
σ_{VM}	N/mm²	Zugspannung infolge F_{VM}
σ_{vorh}	N/mm²	vorhandene Spannung
σ_z, $\sigma_{z\,zul}$	N/mm²	Zugspannung, zulässige Zugspannung
τ_a	N/mm²	Abscherspannung im Schraubenschaft
$\tau_{a\,zul}$	N/mm²	zulässige Abscherspannung
τ_t, $\tau_{t\,zul}$	N/mm²	Verdrehspannung, zulässige Verdrehspannung
Φ	1	Kraftverhältnis F_{BS}/F_B
Φ'	1	vereinfachtes Kraftverhältnis für Krafteinleitung in Ebenen durch die Schraubenkopf- und Mutterauflage
φ	°	Steigungswinkel des Schraubengewindes

Nr.	Formel	Gl.-Nr.	Hinweise
1	Steigungswinkel des Gewindes $\tan\varphi = \dfrac{P}{d_2 \cdot \pi}$	(8.1)	für metrische Regel- und Feingewinde nach A8-1 und A8-2
	8.7 Kraft- und Verformungsverhältnisse bei vorgespannten Schraubenverbindungen		
2	Federsteifigkeit der Schraube $C_S = \dfrac{F_V}{f_S} = \dfrac{E_S}{\Sigma \dfrac{l}{A}}$	(8.2)	Aufteilung der Schraube in einzelne Zylinder mit der Länge l und der Querschnittsfläche A. Mitfedernde Länge des Kopfes, der Mutter oder des Gewindes: $l' \approx 0{,}4\,d$. 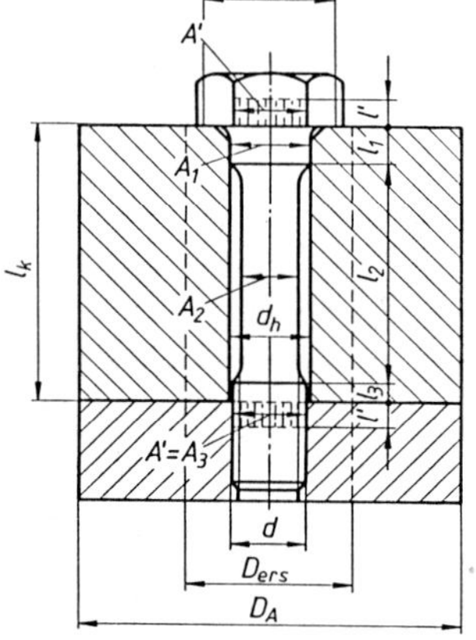
	Querschnittsfläche des Ersatz-Hohlzylinders		
3	– bei $D_A \geqslant 3\,d_a$ $A_Z \approx \dfrac{\pi}{4}\left[\left(d_a + \dfrac{l_k}{a}\right)^2 - d_h^2\right]$	(8.3a)	
4	– bei $D_A \leqslant d_a$ $A_Z = \dfrac{\pi}{4}(D_A^2 - d_h^2)$	(8.3b)	

Nr.	Formel	Gl.-Nr.	Hinweise
5	– bei $d_a < D_A < 3\,d_a$ $A_Z \approx \frac{\pi}{4}(d_a^2 - d_h^2) + \frac{\pi}{8}\left(\frac{D_A}{d_a} - 1\right) \cdot$ $\cdot \left(\frac{d_a \cdot l_k}{5} + \frac{l_k^2}{a^2}\right)$	(8.3c)	$\begin{array}{c\|c\|c\|c} & St & GG & Al \\ \hline a & 10 & 8 & 6 \end{array}$
6	Federsteifigkeit der verspannten Teile $C_T = \frac{F_V}{f_T} = \frac{A_Z \cdot E_T}{l_k}$	(8.4)	E_T nach A3-1
7	Zusatzkraft für die Schraube infolge der Betriebskraft $F_{BS} = F_B \cdot \frac{C_S}{C_S + C_T} = F_B \cdot \frac{1}{1 + \frac{C_T}{C_S}}$ $= F_B \cdot \Phi'$ bzw. $F_B \cdot \Phi$	(8.5)	$\Phi' = \frac{C_S}{C_S + C_T}$ einfach nach A8-15
8	Anteil der Betriebskraft, der die verspannten Teile entlastet $F_{BT} = F_B - F_{BS} = F_B(1 - \Phi)$	(8.6)	Φ nach Nr. 13
9	Klemmkraft in der Trennfuge $F_{Kl} = F_V - F_{BT} = F_V - F_B(1 - \Phi)$	(8.7)	
10	Gesamtschraubenkraft $F_{S\,ges} = F_V + F_{BS} = F_{Kl} + F_B$	(8.8)	
11	Ausschlagkraft bei schwingender Belastung der Schraube $\pm F_a = \pm \frac{F_{BS\,max} - F_{BS\,min}}{2}$ $= \frac{F_{B\,max} - F_{B\,min}}{2} \cdot \Phi$	(8.9)	
12	Mittelkraft $F_m = F_V + \frac{F_{B\,max} + F_{B\,min}}{2} \cdot \Phi$	(8.10)	
13	Kraftverhältnis $\Phi = q \cdot \Phi'$	(8.11)	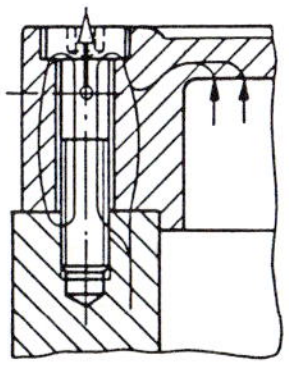 $q \approx 0{,}75$ 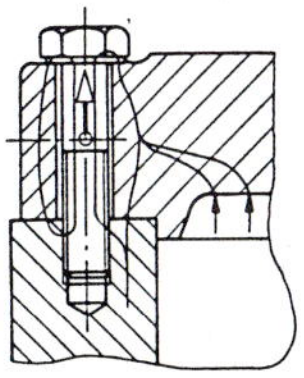 $q \approx 0{,}5$ Normalfall 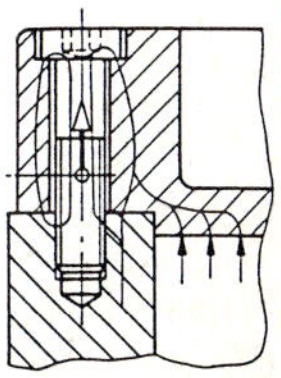 $q \approx 0{,}25$ Φ' nach A8-15

Schraubenverbindungen

Nr.	Formel	Gl.-Nr.	Hinweise
14	Vorspannkraft je Schraube und Reibfläche bei querbeanspruchten Schraubenverbindungen $F_V = F_n \geqslant \frac{F_{R\,ges}}{n \cdot \mu} = \frac{F_{Q\,ges}}{n \cdot \mu}$	(8.12)	μ nach A1-2 (sicherheitshalber Gleitreibungszahl setzen). Bei Drehmomentübertragung im kreisförmigen Schraubenfeld (z.B. Kupplungsflansch) gilt: $F_{Q\,ges} = 2\,T/D$
	8.8, 8.9, 8.11 Setzen, Flächenpressung, Dauerhaltbarkeit		
15	Vorspannkraftverlust infolge Setzen $\Delta F_V = f_z \cdot \frac{C_S \cdot C_T}{C_S + C_T} = f_z \cdot \Phi' \cdot C_T$	(8.13)	f_z nach A8-8 Φ' nach A8-15
16	Flächenpressung an den Auflageflächen $p = \frac{F_{S\,max}}{A_p} \approx \frac{F_{sp}/0{,}9}{A_p} \leqslant p_G$	(8.14)	F_{sp} nach A8-14 A_p nach A8-5 bzw. A8-6 p_G nach A8-3
17	Dauerschwingbeanspruchung der Schraube (Ausschlagspannung) $\pm\,\sigma_a = \pm\,\frac{F_a}{A_3} \leqslant \sigma_A$	(8.15)	F_a nach Nr. 11 A_3 nach A8-1 bzw. A8-2 σ_A nach A8-10
	8.12 Montagevorspannkraft		
18	– Hauptdimensionierungsformel $F_{VM} = k_A \cdot F_{V\,min} = k_A\,[F_{Kl} + F_B(1-\Phi) + \Delta F_V]$ $F_{VM} = k_A\,[F_{Kl} + k_L \cdot F_B(1-\Phi)]$	(8.16a) (8.16b)	Gesucht wird eine Schraube (Durchmesser und Festigkeitsklasse) nach A8-14 für die $F_{sp} \geqslant F_{VM}$ ist. F_{sp} nach A8-14 k_A nach A8-11 k_L nach A8-9 Φ nach Nr. 13 ΔF_V nach Nr. 15
19	– ohne geforderte Klemmkraft $F_{VM} = k_A\,[F_B\,(1-\Phi) + \Delta F_V\,]$ $F_{VM} = k_A \cdot k_L \cdot F_B\,(1-\Phi)$	(8.17a) (8.17b)	
20	– nur Klemmkraft (Dichtungskraft, Normalkraft) ist gefordert $F_{VM} = k_A\,(F_{Kl} + \Delta F_V)$ $F_{VM} = k_A \cdot k_L \cdot F_{Kl}$	(8.18a) (8.18b)	
	8.13 Anziehen der Schraubenverbindung		
21	Gewindereibungsmoment $M_{RG} = F_{VM} \cdot d_2/2 \cdot \tan(\varphi + \rho_G)$	(8.19)	
22	Anziehmoment allgemein $M_A = F_{VM}\,[d_2/2 \cdot \tan(\varphi + \rho_G) + \mu_K \cdot r_A]$	(8.20)	d_h, d_a (Außendurchmesser der Kopf- oder Mutterauflage) nach A8-5 bzw. A8-6 d_2 nach A8-1 bzw. A8-2
23	Anziehmoment für Befestigungsschrauben $M_A \approx 0{,}5 \cdot F_{VM} \cdot d_2 \cdot \left[\mu_{ges} \cdot \left(1 + \frac{d_a + d_h}{2 \cdot d_2}\right) + \tan\varphi\right]$	(8.21)	$r_A = \frac{d_a + d_h}{4}$ μ_{ges}, μ_K, ρ_G ($\tan\rho_G = \mu_G$) nach A8-12 φ nach Nr. 1

Nr.	Formel	Gl.-Nr.	Hinweise
24	Anziehmoment für Befestigungsschrauben (Faustformel) $M_A \approx 0{,}2 \cdot F_{VM} \cdot d_2$	(8.22)	
	8.15 Maximale Beanspruchung und Ausnutzung der Schrauben		
25	reduzierte Spannung (Vergleichsspannung) $\sigma_{red} = \sqrt{\sigma_{VM}^2 + 3 \cdot \tau_t^2} \leqslant \sigma_{z\,zul}$	(8.23)	$\sigma_{VM} = F_{VM}/A_S$ bzw. F_{VM}/A_T $\tau_t = M_{RG}/W_p$, mit $W_p \approx 0{,}2\, d_s^3$ bzw. $W_p \approx 0{,}2\, d_T^3$ $(d_s = (d_2 + d_3)/2)$ $\sigma_{z\,zul} = 0{,}9\, R_{p\,0,2}$
26	maximale Schraubenkraft $F_{S\,max} = F_{sp} + F_{BS} \leqslant F_{0,2}$	(8.24)	Die max. zulässige Schraubenkraft wird nicht überschritten, wenn $\Phi \cdot F_B \leqslant 0{,}1 \cdot R_{p\,0,2} \cdot A_s$ bzw. $\Phi \cdot F_B \leqslant 0{,}1 \cdot R_{p\,0,2} \cdot A_T$
	8.16 Praktische Berechnung der Befestigungsschrauben im Maschinenbau		
27	erforderlicher Spannungsquerschnitt bei nicht vorgespannten Schrauben $A_s \geqslant \dfrac{F}{\sigma_{z\,(d)\,zul}}$	(8.25)	$\sigma_{z\,(d)\,zul} = R_{p\,0,2}/\nu$, mit $\nu = 1{,}5$ bei „Anziehen unter Last", sonst $\nu = 1{,}25$. Bei dynamischer Belastung Nachprüfung der Dauerhaltbarkeit nach Nr. 17 mit $F_a = (F_{max} - F_{min})/2$.
	vereinfachte Berechnung hochbeanspruchter Schraubenverbindungen		
28	– erforderlicher Spannungs- bzw. Taillenquerschnitt A_s bzw. $A_T \geqslant \dfrac{F_B + F_{Kl}}{\dfrac{R_{p\,0,2}}{\kappa \cdot k_A} - \beta \cdot E \cdot \dfrac{f_z}{l_k}}$	(8.26)	f_z nach A8-8, mittlerer Wert: 0,006 mm Nachgiebigkeitsfaktor β: 1,1 für Schaftschrauben (z.B. DIN 931) 0,8 für Ganzgewindeschrauben (z.B. DIN 933) 0,6 für Dehnschrauben mit $d_T = 0{,}9\, d_3$ Reduktionsfaktor $(= \sigma_{red}/\sigma_{VM})$ κ:

	μ_G	0,08	0,10	0,12	0,14	0,20
κ	Schaft-schraube	1,11	1,15	11,9	1,24	1,41
	Dehn-schraube	1,15	1,20	1,25	1,32	1,52

μ_G nach A8-12b
k_A nach A8-11
$R_{p\,0,2}$ nach A8-7

Nr.	Formel	Gl.-Nr.	Hinweise
29	– Ausschlagspannung $\pm \sigma_a \approx \pm k \dfrac{F_{B\,max} - F_{B\,min}}{A_3} \leqslant \sigma_A$	(8.27)	

Bauteilwerkstoff	St	GG	Al
k	0,1	0,125	0,15

A_3 nach A8-1 bzw. A8-2
σ_A nach A8-10

Schraubenverbindungen

Nr.	Formel	Gl.-Nr.	Hinweise
	8.17.3 Zug- und Druckstabanschlüsse im Stahlbau		
	1. Scher-/Lochleibungsverbindungen		
30	Abscherspannung $\tau_a = \dfrac{F}{n \cdot m \cdot S} \leqslant \tau_{a\,zul}$	(8.28)	
31	Lochleibungsdruck $\sigma_l = \dfrac{F}{n \cdot d \cdot t_{min}} \leqslant \sigma_{l\,zul}$	(8.29)	Bei Senkschrauben im außenliegenden Bauteil für t_{min} nur zylindrische Länge des Schaftbereiches (also ohne Kopfhöhe) setzen! $\tau_{a\,zul}$, $\sigma_{l\,zul}$, $\sigma_{z\,zul}$ nach A3-2b bzw. A3-3b Bei gleichzeitiger Beanspruchung σ_z, τ_a und σ_l dürfen die zul. Werte ohne Nachweis einer Vergleichsspannung jeweils voll ausgenutzt werden.
32	erforderlicher Spannungsquerschnitt bei zugbeanspruchten Schrauben $A_s \geqslant \dfrac{F_z}{\sigma_{z\,zul}}$		
	2. Verbindungen mit hochfesten Schrauben zulässige übertragbare Kraft einer Schraube je Reibungs- bzw. Scherfläche senkrecht zur Schraubenachse		
33	– in GV-Verbindungen $F_{GV\,zul} = \dfrac{\mu}{\nu} F_V$	(8.30)	F_V nach A8-18 $\mu = 0{,}5$ bei entsprechender Reibflächenvorbereitung
34	– in GVP-Verbindungen $F_{GVP\,zul} = 0{,}5 \cdot F_{SLP\,zul} + F_{GV\,zul}$	(8.31)	$\nu_H = 1{,}25$, $\nu_{HZ} = 1{,}10$ $F_{GV\,zul}$, $F_{GVP\,zul}$, $F_{SLP\,zul}$ auch nach A8-19a $F_{z\,zul}$ nach A8-19b
35	– in gleichzeitig zugbeanspruchten GV- und GVP-Verbindungen $F_{GV,z} = \left(0{,}2 + 0{,}8\,\dfrac{F_{z\,zul} - F_z}{F_{z\,zul}}\right) \cdot F_{GV\,zul}$ $F_{GVP,z} = 0{,}5 \cdot F_{SLP\,zul} + \left(0{,}2 + 0{,}8\,\dfrac{F_{z\,zul} - F_z}{F_{z\,zul}}\right) \cdot F_{GV\,zul}$	(8.33a) (8.33b)	
36	erforderliche Schraubenanzahl $n \geqslant \dfrac{F}{F_{zul} \cdot m}$	(8.32)	
	3. Berechnung der Bauteile		
37	Zugspannung im gelochten Stab $\sigma_z = \dfrac{F}{S_n} \leqslant \sigma_{z\,zul}$	(8.34)	Bei GV-Verbindungen und Einschrauben-Anschlüssen beachte Hinweise im Lehrbuch
38	erforderliche ungeschwächte Stabquerschnittsfläche $S \approx \dfrac{F}{\upsilon \cdot \sigma_{z\,zul}}$	(8.35)	$\upsilon \approx 0{,}8$ $\sigma_{z\,zul}$ nach A3-2a bzw. A3-3a

Nr.	Formel	Gl.-Nr.	Hinweise
	8.17.4 Moment-(schub-)belastete Anschlüsse		
	Für die am höchsten belastete äußere Schraube beträgt		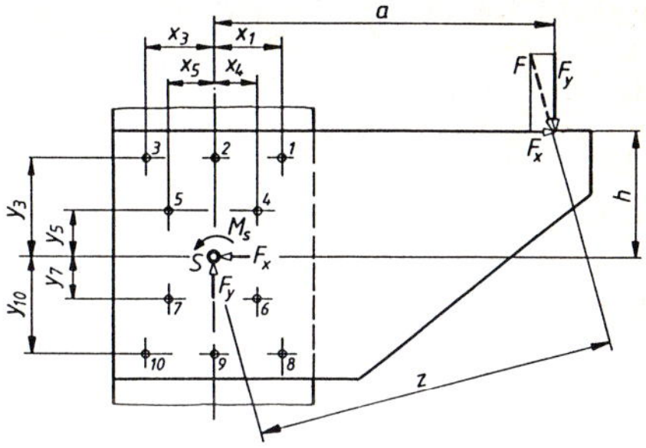
39	– die tangential gerichtete Schraubenkraft $F_{max} = F_1 = \frac{M_s \cdot r_{max}}{\Sigma r^2} = \frac{M_s \cdot r_{max}}{\Sigma (x^2 + y^2)}$	(8.36)	
40	– die waagerechte Komponente der Schraubenkraft $F_{x\,ges} = F_{max} \cdot \frac{y_{max}}{r_{max}} + \frac{F_x}{n} = \frac{M_s \cdot y_{max}}{\Sigma (x^2 + y^2)} + \frac{F_x}{n}$	(8.37a)	
41	– die senkrechte Komponente der Schraubenkraft $F_{y\,ges} = F_{max} \cdot \frac{x_{max}}{r_{max}} + \frac{F_y}{n} = \frac{M_s \cdot x_{max}}{\Sigma (x^2 + y^2)} + \frac{F_y}{n}$	(8.37b)	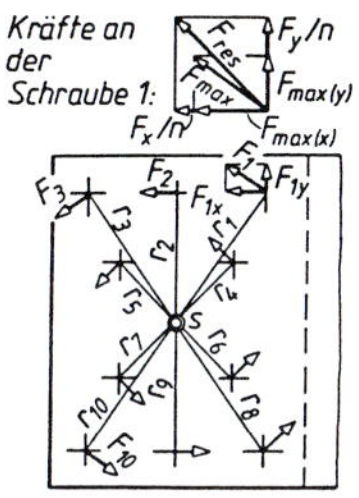
42	– die resultierende Schraubenkraft $F_{res} = \sqrt{F_{x\,ges}^2 + F_{y\,ges}^2}$	(8.37c)	
	8.17.5 Konsolanschlüsse		
43	größte Zugkraft in einer Schraube $F_{max} = \frac{M_b}{z} \cdot \frac{l_1}{l_1^2 + l_2^2 + \ldots l_n^2}$	(8.38)	$\sigma_{z\,zul}$ nach A3-2b A_s nach A8-1 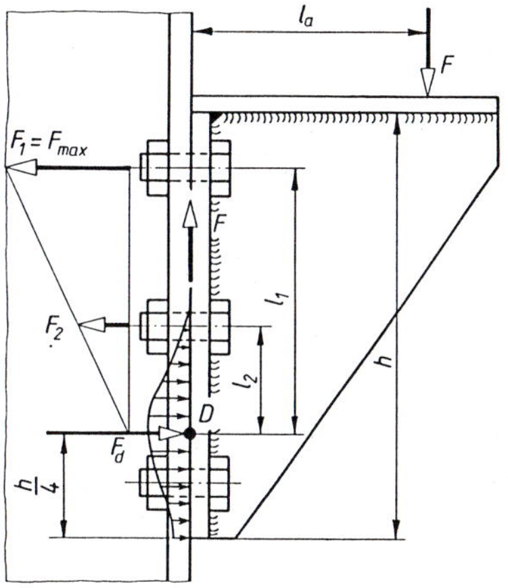
44	größte Zugbeanspruchung in einer Schraube $\sigma_z = \frac{F_{max}}{A_s} \leqslant \sigma_{z\,zul}$	(8.39)	
	8.18 Bewegungsschrauben		
	Überschlägige Berechnung		
45	erforderlicher Kernquerschnitt nicht knickgefährdeter Schrauben $A_3 \geqslant \frac{F}{\sigma_{d\,(z)\,zul}}$	(8.40)	ruhende Belastung: $\sigma_{d\,(z)\,zul} = R_e\,(R_{p\,0,2})/1{,}5$ Schwellbelastung: $\sigma_{d\,(z)\,zul} = \sigma_{z\,Sch}/2$ Wechselbelastung: $\sigma_{d\,(z)\,zul} = \sigma_{z\,dW}/2$ R_e bzw. $R_{p\,0,2}$ nach A1-4 $\sigma_{z\,Sch}$ und $\sigma_{z\,dW}$ nach A3-10f
46	erforderlicher Kerndurchmesser langer, druckbeanspruchter Schrauben $d_3 = \sqrt[4]{\frac{64 \cdot F \cdot \nu \cdot l_k^2}{\pi^3 \cdot E}}$	(8.41)	$\nu \approx 6 \ldots 8$ $l_k \approx 0{,}7 \cdot l$ (Euler-Knickfall 3) Gewindegröße z.B. nach A8-4

Nr.	Formel	Gl.-Nr.	Hinweise
	Nachprüfung auf Festigkeit		
47	Verdrehspannung $\tau_t = \frac{T}{W_p} \leqslant \tau_{t\,zul}$	(8.42)	ruhende Belastung: $\tau_{t\,zul} = \tau_{tF}/1{,}5$ Schwellbelastung: $\tau_{t\,zul} = \tau_{t\,Sch}/2$ Wechselbelastung: $\tau_{t\,zul} = \tau_{tW}/2$ $\tau_{tF}, \tau_{t\,Sch}$ und τ_{tW} nach A3-10f $W_p \approx 0{,}2 \cdot d_3^3$
48	Druck-(Zug-)spannung $\sigma_{d\,(z)} = \frac{F}{A_3} \leqslant \sigma_{d\,(z)\,zul}$	(8.43)	$\sigma_{d\,(z)\,zul}$ wie zu Nr. 45
49	Vergleichsspannung $\sigma_v = \sqrt{\sigma_{d\,(z)}^2 + 3 \cdot (\alpha_0 \cdot \tau_t)^2} \leqslant \sigma_{d\,(z)\,zul}$	(8.44)	$\alpha_0 = 1$, wenn $\sigma_{d\,(z)}$ und τ_t im gleichen Belastungsfall, sonst $\alpha_0 = 0{,}7$
50	erforderliches Drehmoment (Gewindereibungsmoment) $T = F \cdot d_2/2 \cdot \tan(\varphi \pm \rho_G)$	(8.45)	

Werkstoff der Mutter (Spindel: St)		ρ_G
Gußeisen	trocken	12°
	geschmiert	6°
CuZn- und CuSn-Leg.	trocken	10°
	geschmiert	6°
Spezialkunststoff	trocken	6°
	geschmiert	2,5°

φ nach Nr. 1

Nr.	Formel	Gl.-Nr.	Hinweise
	Nachprüfung auf Knickung		
51	Schlankheitsgrad der Spindel $\lambda = \frac{4 \cdot l_k}{d_3}$	(8.46)	
52	Knickspannung nach Euler $\sigma_K = \frac{E \cdot \pi^2}{\lambda^2} \approx \frac{21 \cdot 10^5}{\lambda^2}$	(8.47)	gilt wenn $\lambda \geqslant 105$ (St 37) bzw. $\lambda \geqslant 89$ (St 50 und St 60)
53	Knickspannung nach Tetmajer für St 37 ($\lambda < 105$) $\sigma_K = 310 - 1{,}14 \cdot \lambda$	(8.48)	in N/mm^2
54	Knickspannung nach Tetmajer für St 50 und St 60 ($\lambda < 89$) $\sigma_K = 335 - 0{,}62 \cdot \lambda$	(8.49)	in N/mm^2
55	Sicherheit gegen Knicken $\nu = \frac{\sigma_K}{\sigma_{vorh}} \geqslant \nu_{erf}$	(8.50)	$\nu_{erf} \approx 3 \ldots 6$ bei σ_K nach Nr. 52 $\nu_{erf} \approx 4 \ldots 2$ bei σ_K nach Nr. 53 und Nr. 54 (je schlanker die Spindel um so höher die Sicherheit)
56	Flächenpressung des Gewindes $p = \frac{F \cdot P}{l_1 \cdot d_2 \cdot \pi \cdot H_1} \leqslant p_{zul}$	(8.51)	P = Gewindeteilung (bei mehrgängigen Gewinden ist $P = P_h/n$) $l_1 \leqslant 2{,}5\,d$ einhalten H_1 z.B. nach A8-4 p_{zul} nach A8-20
57	Wirkungsgrad $\eta = \frac{\tan\varphi}{\tan(\varphi + \rho_G)}$	(8.52)	φ nach Nr. 1 ρ_G wie zu Nr. 50

9 Bolzen-, Stiftverbindungen, Sicherungselemente

Formelzeichen	Einheit	Benennung
A_{proj}	mm^2	Projektionsfläche zur Berechnung der mittleren Flächenpressung
c_B	1	Betriebsfaktor
D	mm	Nabendurchmesser
d	mm	Bolzen- bzw. Stiftdurchmesser
d_W	mm	Wellendurchmesser
F	N	Betriebskraft senkrecht zur Bolzen- bzw. Stiftachse
k	1	Einspannfaktor, abhängig vom Einbaufall
l	mm	Stangenkopfbreite, Hebelarm der Biegekraft, tragende Stiftlänge bei Längsstiftverbindungen
$M_b, M_{b\,max}$	Nmm	Biegemoment
p, p_{max}	N/mm^2	mittlere Flächenpressung
p_N, p_W	N/mm^2	mittlere Flächenpressung in der Naben- bzw. Wellenbohrung
p_{zul}	N/mm^2	zulässige mittlere Flächenpressung
S	mm^2	Querschnittsfläche
s, t	mm	Bauteildicke
T	Nmm	Drehmoment bei Stiftverbindungen
t_{min}	mm	kleinste Summe der Bauteildicken mit in gleicher Richtung wirkendem Lochleibungsdruck
σ_b	N/mm^2	Biegespannung
$\sigma_{b\,zul}$	N/mm^2	zulässige Biegespannung
σ_l	N/mm^2	Lochleibungsdruck
$\sigma_{l\,zul}$	N/mm^2	zulässiger Lochleibungsdruck
τ_a	N/mm^2	Scherspannung
$\tau_{a\,zul}$	N/mm^2	zulässige Scherspannung
τ_{max}	N/mm^2	größte Schubspannung in der Nullinie

Nr.	Formel	Gl.-Nr.	Hinweise
	9.2 Bolzenverbindungen		
1	Bolzendurchmesser (Entwurfsberechnung) $d \approx k\sqrt{\dfrac{c_B \cdot F}{\sigma_{b\,zul}}}$	(9.1)	Fall / k / Bolzen sitzt: 1 / 1,8 / lose; 2 / 1,4 / fest in Gabel; 3 / 1,2 / fest in Stange. $l \approx 1{,}5\,d,\ s \approx 0{,}6\,d$; $D \approx (2 \ldots 2{,}5)\,d$ für St, GS; $D \approx (3 \ldots 3{,}5)\,d$ für GG
2	Biegespannung (Vollbolzen) $\sigma_b = \dfrac{c_B \cdot M_b}{W} \approx \dfrac{c_B \cdot M_b}{0{,}1 \cdot d^3} \leqslant \sigma_{b\,zul}$	(9.2)	Fall / $M_{b\,max}$: 1 / $F(l+2s)/8$; 2 / $F \cdot l/8$; 3 / $F \cdot s/4$. c_B nach A3-5a; $\sigma_{b\,zul}$ nach A9-1 bzw. Gl. (3.6)
3	größte Schubspannung in der Nullinie (Vollbolzen) $\tau_{max} = \dfrac{4}{3} \cdot \dfrac{c_B \cdot F}{2 \cdot S} \leqslant \tau_{a\,zul}$	(9.3)	Hohlbolzen ($t > d/6$): $\tau_{max} = 2\,\tau_m = c_B \cdot F/S$. τ_{max} bei Einbaufall 3 stets nachprüfen. $\tau_{a\,zul}$ nach A9-1.

Nr.	Formel	Gl.-Nr.	Hinweise
4	mittlere Flächenpressung $p = \frac{c_B \cdot F}{A_{proj}} \leqslant p_{zul}$	(9.4)	Stange: $A_{proj} = d \cdot l$ Gabel: $A_{proj} = 2 \cdot d \cdot s$ p_{zul} nach A9-1 oder A1-3 für nicht gleitende bzw. nach A9-2 für gleitende Flächen.
5	Lochleibungsdruck (Stahlbau) $\sigma_l = \frac{F}{d \cdot t_{min}} \leqslant \sigma_{l\,zul}$	(9.5)	$\sigma_{l\,zul}$ nach A3-2a, Zeile 4.6
	9.3.2 Stiftverbindungen (Festigkeitsprüfung)		
	Querstift-Verbindungen:		
6	mittlere Flächenpressung (Nabe) $p_N = \frac{c_B \cdot T}{d \cdot s \cdot (d_W + s)} \leqslant p_{zul}$	(9.6)	$d = (0{,}2 \ldots 0{,}3)\, d_W$ $s = (0{,}25 \ldots 0{,}5)\, d_W$ für St- und GS-Naben $s \approx 0{,}75\, d_W$ für GG-Naben
7	max. mittlere Flächenpressung (Welle) $p_W = \frac{6 \cdot c_B \cdot T}{d \cdot d_W^2} \leqslant p_{zul}$	(9.7)	p_{zul}, $\tau_{a\,zul}$ nach A9-1
8	Scherspannung im Stift $\tau_a = \frac{4 \cdot c_B \cdot T}{d^2 \cdot \pi \cdot d_W} \leqslant \tau_{a\,zul}$	(9.8)	
	Steckstift-Verbindungen:		
9	Biegespannung $\sigma_b = \frac{c_B \cdot M_b}{W} \approx \frac{c_B \cdot M_b}{0{,}1 \cdot d^3} \leqslant \sigma_{b\,zul}$	(9.9)	$\sigma_{b\,zul}$, p_{zul} nach A9-1
10	max. mittlere Flächenpressung $p_{max} = \frac{c_B \cdot F \cdot (6\,l + 4\,s)}{d \cdot s^2} \leqslant p_{zul}$	(9.10)	
	Längsstift-Verbindungen:		
11	mittlere Flächenpressung $p = \frac{4 \cdot c_B \cdot T}{d \cdot d_W \cdot l} \leqslant p_{zul}$	(9.11)	$d = (0{,}15 \ldots 0{,}2)\, d_W$ $l = (1 \ldots 1{,}5)\, d_W$ p_{zul} nach A9-1

10 Elastische Federn

10.2 Federkennlinien

Formelzeichen	Einheit	Benennung
$F;\ F_1, F_2\ \ldots$	N	Federkraft; zugeordnet den s_1, s_2 ... bzw. L_1, L_2 ... bzw. α_1, α_2 ...
$R,\ R_{ges}$	N/mm	Federrate, bei Parallel- bzw. Hintereinanderanordnung
$s;\ s_1, s_2\ \ldots\ ;\ s_{max}$	mm	Federweg bzw. Durchbiegung; zugeordnet den F_1, F_2 ... ; maximale Durchbiegung
W	Nmm	Federungsarbeit

Nr.	Formel	Gl.-Nr.	Hinweise
1	Federrate $R = \frac{F_1}{s_1} = \frac{F_2}{s_2} = \frac{F_2 - F_1}{s_2 - s_1}$	(10.1)	bei linearer Kennlinie; bei gekrümmter Kennlinie $F_2 - F_1 = \Delta F$, $s_2 - s_1 = \Delta s$ sehr klein.
	a) Parallelschaltung $F = F_1 + F_2 = R_1 \cdot s_1 + R_2 \cdot s_2 = R_{ges} \cdot s$ bei $s = s_1 = s_2$ $R_{ges} = R_1 + R_2$ b) Hintereinanderschaltung bei $s = s_1 + s_2$ $s = \frac{F}{R_1} + \frac{F}{R_2} = \frac{F}{R_{ges}}$ somit $\frac{1}{R_{ges}} = \frac{1}{R_1} + \frac{1}{R_2}$		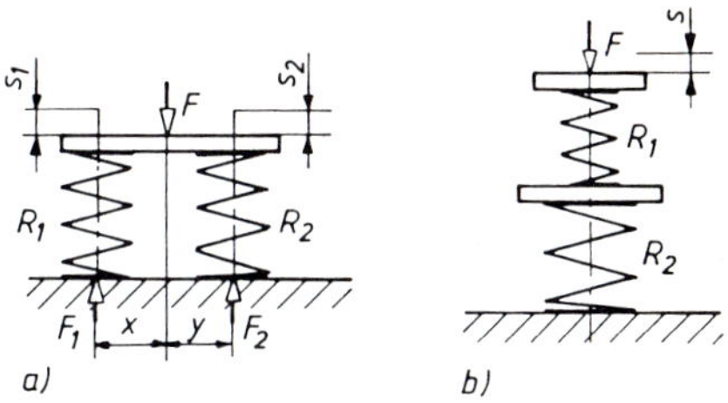 Parallelschaltung Hintereinanderschaltung $F \cdot y - F_1(x + y) = 0$ bzw. $F \cdot x - F_2(x + y) = 0$
2	Federungsarbeit $W = \frac{F \cdot s}{2} = \frac{R \cdot s^2}{2}$	(10.2)	bei linearer Kennlinie

10.6 Biegebeanspruchte Federn

10.6.1 Rechteck-, Dreieck- und Trapez-Blattfedern

Formelzeichen	Einheit	Benennung
b bzw. b' bzw. b_0	mm	Breite, maximal bei Dreieck- und Trapezfedern bzw. am freien Ende der Trapezfeder bzw. bei geschichteter Blattfeder
E	N/mm²	Elastizitätsmodul des Federwerkstoffes
$F,\ F_{max}$	N	Federkraft, maximal
h	mm	Höhe bzw. Dicke der Feder
$L = 2l$	mm	Länge des Hauptblattes bei geschichteter Blattfeder (doppelarmig)
l	mm	Länge der einarmigen Feder
q_1, q_2 bzw. q_3	1	Beiwerte für Durchbiegung, für maximale Durchbiegung bzw. maximale Federungsarbeit
V	mm³	Federvolumen
W	Nmm (mm³)	maximale Federungsarbeit (axiales Widerstandsmoment)
$z,\ z'$	1	Gesamtzahl der Blätter, Zahl der Federblätter mit L
$\sigma_b,\ \sigma_{b\,zul}$	N/mm²	Biegespannung bei F, zulässige Biegespannung

Nr.	Formel	Gl.-Nr.	Hinweise
3	Biegespannung $\sigma_b = \dfrac{6 \cdot F \cdot l}{b \cdot h^2} \leqslant \sigma_{b\,zul}$	(10.3)	$\sigma_{b\,zul}$ nach A10-1 bei geschichteter Blattfeder $b = z \cdot b_0$
4	maximale Federkraft $F_{max} = \dfrac{b \cdot h^2}{6 \cdot l} \cdot \sigma_{b\,zul}$	(10.4)	s. Nr. 3 Hinweise
5	Durchbiegung $s = q_1 \cdot \dfrac{l^3}{b \cdot h^3} \cdot \dfrac{F}{E}$	(10.5)	E nach A10-1 $q_1 = 4$ für Rechteckfeder $= 6$ für Dreieckfeder $\approx 4 \cdot \dfrac{3}{2 + b'/b}$ für Trapezfeder $\approx 4 \cdot \dfrac{3}{2 + z'/z}$ für geschichtete Blattfeder, s. Nr. 3 Hinweise
6	maximale Durchbiegung $s_{max} = q_2 \cdot \dfrac{l^2}{h} \cdot \dfrac{\sigma_{b\,zul}}{E}$	(10.6)	$q_2 = 2/3$ für Rechteckfeder $= 1$ für Dreieckfeder $\approx \dfrac{2}{3} \cdot \dfrac{3}{2 + b'/b}$ für Trapezfeder $\approx \dfrac{2}{3} \cdot \dfrac{3}{2 + z'/z}$ für geschichtete Blattfeder, s. Nr. 3 Hinweise
7	maximale Federungsarbeit $W = q_3 \cdot V \cdot \dfrac{\sigma_{b\,zul}^2}{E}$	(10.7)	$q_3 = 1/18$ für Rechteckfeder bei $V = b \cdot h \cdot l$ $= 1/6$ für Dreieckfeder bei $V = 0{,}5 \cdot b \cdot h \cdot l$ $\approx \dfrac{1}{9} \cdot \dfrac{3}{2 + b'/b} \cdot \dfrac{1}{1 + b'/b}$ für Trapezfeder $V = 0{,}5 \cdot b \cdot h \cdot l \cdot (1 + b'/b)$

10.6.3 Drehfedern

Formelzeichen	Einheit	Benennung
a	mm	(lichter) Abstand zwischen federnden Windungen
D_a, D_i	mm	äußerer, innerer Windungsdurchmesser
$D_m = 0{,}5\,(D_a + D_i)$ $= D_i + d = D_a - d$	mm	mittlerer Windungsdurchmesser
d; d_B	mm	Draht- oder Stabdurchmesser; Bolzendurchmesser (Dorn-)
E	N/mm²	Elastizitätsmodul des Federwerkstoffes
F; F_1, F_2 ...	N	Federkraft am Hebelarm H senkrecht zu F; zugeordnet den α_1, α_2 ...
H	mm	Länge des Hebelarms senkrecht zu F
$I = \pi \cdot d^4/64$	mm⁴	axiales Trägheitsmoment
i_f	1	Anzahl der federnden Windungen
k_1, k_2	1	Beiwerte zu Schätzung von d
L_{K0}	mm	Länge des unbelasteten Federkörpers
l	mm	gestreckte Länge der i_f
$M = F \cdot H$; M_1, M_2 ...	Nmm	Federmoment; zugeordnet den α_1, α_2 ...
q	1	Spannungsbeiwert abhängig von w bzw. r/d (infolge Drahtkrümmung)
$r \geqslant d$	mm	(kleinster) innerer Biegeradius eines abgebogenen Schenkels
$w = D_m/d$	1	Wickelverhältnis

Formelzeichen	Einheit	Benennung
$\alpha;\ \alpha';\ \alpha_h = \alpha_2 - \alpha_1$	°	Drehwinkel; korrigierter Drehwinkel; Hubwinkel zwischen $\alpha_2 > \alpha_1$ zugeordnet M_2, M_1 bzw. F_2, F_1
β	°	Vergrößerung von α infolge Schenkeldurchbiegung
$\sigma_H;\ \sigma_h;\ \sigma_{h\,zul}$	N/mm²	Dauerhubfestigkeit des Federdrahtes; Hubspannung zugeordnet α_h; zulässige Hubspannung
$\sigma_i;\ \sigma_{i1}, \sigma_{i2}$ ...	N/mm²	Biegespannung ohne Berücksichtigung der Drahtkrümmung; zugeordnet M_1, M_2 ... bzw. F_1, F_2 ...
σ_{ih} bzw. $\sigma_{kh} = \sigma_{i2} - \sigma_{i1}$	N/mm²	Hubspannung ohne Berücksichtigung der Drahtkrümmung zugeordnet α_h
σ_q, σ_{qh}	N/mm²	Biegespannung, Hubspannung bei Berücksichtigung der Drahtkrümmung
$\sigma_U \mathrel{\hat{=}} \sigma_{i1}$	N/mm²	Unterspannung im Dauerfestigkeitsschaubild
$\sigma_{O\,zul} = \sigma_U + \sigma_{h\,zul}$	N/mm²	zulässige Oberspannung im Dauerfestigkeitsschaubild
σ_{zul}	N/mm²	zulässige Biegespannung eines Federwerkstoffes

Nr.	Formel	Gl.-Nr.	Hinweise
8	gestreckte Länge der i_f bei $a + d \leqslant D_m/4$ $l = D_m \cdot \pi \cdot i_f$ bei $a + d > D_m/4$ $l = i_f \cdot \sqrt{(D_m \cdot \pi)^2 + (a+d)^2}$	(10.8)	$D_m = D_i + d = D_a + d;\ d_B = 0{,}8 \ldots 0{,}9 \cdot D_i$ $i_f \geqslant 2$ d-Nennmaße nach DIN 2076 s. Nr. 22 Hinweise
9	Länge des unbelasteten Federkörpers bei anliegenden Windungen $L_{K0} = (i_f + 1) \cdot d$ bei Windungsabstand $L_{K0} = i_f\,(a + d) + d$	(10.9)	s. Nr. 8 Hinweise
10	Biegespannung $\sigma_q = \sigma_i \cdot q = \dfrac{32 \cdot M \cdot q}{\pi \cdot d^3} \approx 10{,}19 \cdot \dfrac{F \cdot H \cdot q}{d^3} \leqslant \sigma_{zul}$	(10.10)	$M = F \cdot H$; σ_{zul} nach A10-2, q nach A10-3, $\sigma_{h\,zul}$ nach A10-4; für $F \mathrel{\hat{=}} F_{max}$ überschlägig $d \approx k_1 \cdot \sqrt[3]{F \cdot H}/(1 - k_2)$ mit $k_2 \approx 0{,}06\,\sqrt[3]{M/D_i}$, wenn $k_1 \approx 0{,}22$ für $d < 5$ mm, $k_1 \approx 0{,}24$ für $d \geqslant 5 \ldots 12$ mm
11	Drehwinkel $\alpha^\circ = \dfrac{180 \cdot M \cdot l}{\pi \cdot E \cdot I} = \dfrac{180}{\pi} \cdot \dfrac{M \cdot l \cdot 64}{E \cdot \pi \cdot d^4} \approx \dfrac{1167 \cdot M \cdot l}{E \cdot d^4}$	(10.11a)	E nach A10-1, $w = 4 \ldots 15$, $i_f \geqslant 2$
	mit l für $a + d \leqslant D_m/4$ $\alpha^\circ \approx \dfrac{3667 \cdot F \cdot H \cdot D_m \cdot i_f}{E \cdot d^4} \approx \dfrac{360 \cdot \sigma_i \cdot D_m \cdot i_f}{E \cdot d}$	(10.11b)	

Nr.	Formel	Gl.-Nr.	Hinweise
12	Vergrößerung des Drehwinkels für tangentiale Schenkel $\beta^\circ \approx 97{,}4 \cdot \frac{F(4H^2 - D_m^2)}{E \cdot d^4}$ für abgebogene Schenkel $\beta^\circ \approx 48{,}7 \cdot \frac{F \cdot (2H - D_m)^3}{E \cdot H \cdot d^4}$	(10.12)	korrigierter Drehwinkel $\alpha' = \alpha + \beta$ s. Nr. 11

10.6.5 Tellerfedern

Formelzeichen	Einheit	Benennung
D_e, D_i	mm	Außen-, Innendurchmesser einer Tellerfeder (Einzelteller)
E	N/mm²	Elastizitätsmodul des Federwerkstoffes
$F; F_{0,25}, F_{0,5}, F_{0,75}$	N	Federkraft des Einzeltellers; bei $s_{0,25} = 0{,}25 \cdot h_0$, $s_{0,5} \equiv 0{,}5 \cdot h_0$, $s_{0,75} = 0{,}75 \cdot h_0$
$F_1, F_2 \ldots; F_{ges}$	N	Federkraft zugeordnet $s_1, s_2 \ldots$; des Federpaketes zugeordnet s_{ges}
F_B, F_E	N	Belastungs-, Entlastungskraft
F_C	N	(errechnete) Federkraft bei plattgedrücktem Zustand (Planlage)
h_0	mm	theoretischer Federweg bis zur Planlage, lichte Höhe (Rechengröße)
i	1	Anzahl der wechselsinnig aneinandergereihten Einzelteller oder des Federpaketes zu einer Säule
k_1, k_2, k_3	1	Beiwerte zur Berechnung der Einzelteller abhängig von δ
L_0	mm	Länge der unbelasteten Säule oder Paketes
$L_1, L_2 \ldots$	mm	Länge der belasteten Säule oder Paketes zugeordnet $F_1, F_2 \ldots$
l_0	mm	Bauhöhe des unbelasteten Einzeltellers
N	1	Anzahl der Lastspiele bis zum Bruch
n	1	Anzahl der gleichsinnig geschichteten Einzelteller zu einem Paket
$s; s_1, s_2 \ldots, s_{max}$	mm	Federweg des Einzeltellers; zugeordnet $F_1, F_2 \ldots$, bei F_{max} bzw. σ_O
$\Delta s = s_2 - s_1, \Delta s_{zul}$	mm	vorhandener Hub, zulässiger Hub
$s_{0,25}, s_{0,5}, s_{0,75}$	mm	Federweg bei $0{,}25 \cdot h_0$, $0{,}5 \cdot h_0$, $0{,}75 \cdot h_0$
s_{ges}	mm	Federweg der Säule oder des Paketes
t, t'	mm	Dicke des Einzeltellers, reduzierte Dicke bei Federn mit Auflageflächen
$\delta = D_e/D_i$	1	Durchmesserverhältnis
$\sigma; \sigma_1, \sigma_2 \ldots$	N/mm²	rechnerische Spannung; Vorspannung bzw. Unterspannung, Oberspannung zugeordnet $s_1, s_2 \ldots$
$\sigma_{0,25}, \sigma_{0,5}, \sigma_{0,75}$	N/mm²	Spannung zugeordnet $s_{0,25}, s_{0,5}, s_{0,75}$
σ_{dI}	N/mm²	rechnerische Druckspannung für die Stelle I (statische Beanspruchung)
$\sigma_{zII}, \sigma_{zIII}$	N/mm²	rechnerische Zugspannung für die Stellen II, III (schwingende Beanspruchung)
σ_O	N/mm²	Oberspannung der Dauerschwingfestigkeit
$\sigma_o \mathrel{\hat=} \sigma_2$	N/mm²	rechnerische Oberspannung bei schwingender Beanspruchung
σ_U	N/mm²	Unterspannung der Dauerschwingfestigkeit
$\sigma_u = \sigma_1 \mathrel{\hat=} \sigma_U$	N/mm²	rechnerische Unterspannung bei schwingender Beanspruchung
$\sigma_H = \sigma_O - \sigma_U$	N/mm²	Dauerhubfestigkeit
$\sigma_h = \sigma_o - \sigma_u = \sigma_2 - \sigma_1$	N/mm²	rechnerische Hubspannung zwischen s_2 und s_1 bei F_2 und F_1

Nr.	Formel	Gl.-Nr.	Hinweise
13	Gesamtfederkraft $F_{ges} = n \cdot F$ Gesamtfederweg $s_{ges} = i \cdot s$	(10.18a) (10.18b)	ohne Berücksichtigung der Reibung; $n = 2 \ldots 3\,(4)$ nach A10-5 größtmögliche Ausnutzung bei $F = F_{0,75}$ und $s = s_{0,75}$ mit Berücksichtigung der Reibung angenähert $F_{R\,ges} = F_{ges} \cdot (1 + k \cdot n)$ mit $n = 1$ Reihe A (B, C), GR1 und 2 $k = 0{,}03\,(0{,}02)$ $n = 2$ $k = 0{,}035\,(0{,}025)$ $n = 3$ $k = 0{,}04\,(0{,}03)$ dsgl. GR3 $k = 0{,}04\,(0{,}035)$ $k = 0{,}045\,(0{,}04)$ $k = 0{,}5\,(0{,}045)$
14	Länge der unbelasteten Säule $L_0 = i\,[l_0 + (n-1) \cdot t]$ Länge der belasteten Säule $L = L_0 - s_{ges} = i\,[l_0 + (n-1) \cdot t - s]$	(10.19) (10.20)	l_0, t nach A10-5 für GR1 und 2, für GR3 t' statt t einsetzen
15	rechnerische Federkraft $F = 905\,495 \dfrac{s \cdot t}{k_1 \cdot D_e^2} [(h_0 - s) \cdot (h_0 - 0{,}5 \cdot s) + t^2]$ im plattgedrückten Zustand $F_C = 905\,495 \dfrac{h_0 \cdot t^3}{k_1 \cdot D_e^2}$	(10.21) (10.22)	F und F_C auf volle 10 runden! mit $\delta = D_e/D_i$: $k_1 = \dfrac{1}{\pi} \cdot \dfrac{[(\delta - 1)/\delta]^2}{[(\delta + 1)/(\delta - 1) - 2/\ln\delta]}$ Nach A10-6 mit F/F_C für h_0/t kann s aus s/h_0 ermittelt werden.
16	rechnerische Druckspannung bei überwiegend statischer Beanspruchung $\sigma_{dI} = -905\,495 \dfrac{s}{k_1 \cdot D_e^2} \cdot [k_2 (h_0 - 0{,}5 \cdot s) + k_3 \cdot t]$ rechnerische Zugspannungen bei schwingender Beanspruchung $\sigma_{zII} = 905\,495 \cdot \dfrac{s}{k_1 \cdot D_e^2} \cdot [-k_2 (h_0 - 0{,}5 \cdot s) + k_3 \cdot t]$ $\sigma_{zIII} = 905\,495 \cdot \dfrac{s}{k_1 \cdot \delta \cdot D_e^2} \cdot [(2k_3 - k_2)(h_0 - 0{,}5 \cdot s) + k_3 \cdot t]$	(10.23) (10.24)	$\sigma_{dI} \mathrel{\hat{=}} \sigma_1 \approx -600\ \text{N/mm}^2$ Vorspannfederweg $s_1 \approx 0{,}15 \ldots 0{,}2 \cdot h_0$ üblich, erübrigt sich bei Einhaltung von $s_{0,75} \cdot k_1$ s. Nr. 15 Hinweise $k_2 = \dfrac{1}{\pi} \cdot \dfrac{6}{\ln\delta} \cdot \dfrac{\delta - 1}{\ln\delta} - 1$ $k_3 = \dfrac{1}{\pi} \cdot \dfrac{6}{\ln\delta} \cdot \dfrac{\delta - 1}{2}$ statisch $N \leqslant 10^4$ Lastspiele Stelle II und III s. unter A10-5 1. Reihe A; schwellend $N < 2 \cdot 10^6$ Lastspiele s. A10-7 schwingend praktisch unbegrenzte Lebensdauer $N > 2 \cdot 10^6$ Lastspiele s. auch A10-8 $\sigma_O > \sigma_2 \mathrel{\hat{=}} \sigma_o$ bzw. $\sigma_H = \sigma_O - \sigma_U > \sigma_h = \sigma_2 - \sigma_1$ Tellerfedern GR3 s. Lehrbuch Gl. (10.23a, b).

10.7 Drehbeanspruchte Federn

10.7.1 Drehstabfedern

Formelzeichen	Einheit	Benennung
d	mm	Stab- bzw. Schaftdurchmesser (zylindrischer Teil des Stabes)
d_a	mm	Kopfkreisdurchmesser
d_f	mm	Fußkreisdurchmesser des Kopfprofils
G	N/mm^2	Schub-(Gleit-)modul
L	mm	Gesamtlänge des Drehstabes
l	mm	freie Schaftlänge (des zylindrischen Teils mit $2l_h$)
l_e	mm	Ersatzlänge
l_f	mm	federnde Länge
l_h	mm	Hohlkehlenlänge
l_k	mm	Kopflänge
$l_z = l - 2\,l_h$	mm	zylindrische Länge des Schaftes
p, p_{zul}	N/mm^2	Flächenpressung, zulässige Flächenpressung
R	Nmm/°	Federrate
r	mm	Hohlkehlenradius
T	Nmm	wirkendes Verdrehmoment
$W_p = \pi \cdot d^3/16$	mm^3	polares Widerstandsmoment
z	1	Zähnezahl der verzahnten Köpfe
α°, $\widehat{\alpha}$	°	Verdrehwinkel Winkelmaß, Bogenmaß
τ_t, $\tau_{t\,zul}$	N/mm^2	rechnerische Schub- bzw. Verdrehspannung, zulässige Schubspannung
τ_m, τ_H	N/mm^2	Mittelspannung, Dauerhubfestigkeit

Nr.	Formel	Gl.-Nr.	Hinweise
17	Schub- bzw. Verdrehspannung $\tau_t = \frac{16 \cdot T}{\pi \cdot d^3} \approx 5{,}093 \cdot \frac{T}{d^3} \leqslant \tau_{t\,zul}$	(10.25)	bei nicht vorgesetzten Stäben $\tau_{t\,zul}$ = 700 N/mm^2 bei vorgesetzten Stäben = 1020 N/mm^2 Dauerhubfestigkeit τ_H aus A10-9b
18	Verdrehwinkel $\alpha^\circ = \frac{583{,}6 \cdot T \cdot l_f}{G \cdot d^4} = \frac{114{,}6 \cdot \tau_t \cdot l_f}{G \cdot d}$	(10.26)	G s. A10-1 $l_f = l - 2(l_h - l_e)$ mit $l_e = \nu \cdot l_h$ für ν aus A10-9a und $l_h = 0{,}5 \cdot (d_f - d) \cdot \sqrt{4 \cdot r/(d_f - d) - 1}$
19	Federrate $R = T/\alpha^\circ = \frac{G \cdot d^4}{583{,}6 \cdot l_f}$	(10.27)	$\alpha^\circ = \frac{180 \cdot \widehat{\alpha}}{\pi} = 57{,}3 \cdot \widehat{\alpha}$
20	Flächenpressung für verzahnte Köpfe $p \approx \frac{12 \cdot d_a \cdot T}{z \cdot l_k\,(d_a^3 - d_f^3)} \leqslant p_{zul}$	(10.28)	$0{,}5 \cdot d_f < l_k < 1{,}5 \cdot d_f$ z s. A12-9 p_{zul} nach A1-3

10.7.2 Zylindrische Schraubenfedern mit Kreisquerschnitt

Druck- und Zugfedern

Formelzeichen	Einheit	Benennung
D_a, D_i	mm	äußerer, innerer Windungsdurchmesser
$D_m = 0{,}5\,(D_a + D_i)$	mm	mittlerer Windungsdurchmesser
d	mm	Draht- oder Stabdurchmesser
$F,\ \Delta F = F_2 - F_1$	N	Federkraft, zugeordnet Δs
$F_1, F_2 \ldots;\ F_{max}$	N	Federkraft zugeordnet $L_1, L_2 \ldots$; maximale Federkraft
F_0	N	innere Vorspannkraft
F_{Bl}	N	theoretische Federkraft (Blockkraft) zugeordnet L_{Bl}
G	N/mm^2	Schub-(Gleit-)modul
i_f	1	Anzahl der federnden Windungen
i_g	1	Gesamtzahl der Windungen
k	1	Beiwert, der die Spannungserhöhung infolge Drahtkrümmung berücksichtigt abhängig von w
k_1, k_2	1	Beiwerte zur angenäherten Vorwahl von d
L_0	mm	Länge der unbelasteten Feder
$L_1, L_2 \ldots$	mm	Länge der belasteten Feder zugeordnet $F_1, F_2 \ldots$
L_{Bl}	mm	Blocklänge der Feder (alle Windungen aneinander liegend)
L_H	mm	Abstand der Ösenkante vom Federkörper
L_K	mm	Länge des unbelasteten Federkörpers mit eingewundener Vorspannung
$m \geqslant 2d$	mm	Hakenöffnungsweite
N	1	Lastspielzahl
n_e	s^{-1}	niedrigste Eigenfrequenz
R	N/mm	Federrate
S_a	mm	Summe der Mindestabstände zwischen den einzelnen federnden Windungen
$s,\ s_{max};\ s_1, s_2 \ldots$	mm	Federweg, maximal; zugeordnet $F_1, F_2 \ldots$
$\Delta s = s_2 - s_1$	mm	Hub (Arbeitsweg)
$s_{Bl} = L_0 - L_{Bl}$	mm	Federweg zugeordnet F_{Bl}
V	mm^3	Federvolumen
W	Nmm	Federungsarbeit
$w = D_m/d$	1	Wickelverhältnis
x	1	Faktor zur Bestimmung von S_a
β	1	Korrekturfaktor für Zugfedern
$\tau_i;\ \tau_{i1}, \tau_{i2} \ldots$	N/mm^2	vorhandene ideelle Schubspannung, zugeordnet $F_1, F_2 \ldots$ (ohne Berücksichtigung der Drahtkrümmung)
$\tau_{i0}, \tau'_{i0}, \tau_{i0\,zul}$	N/mm^2	innere Schubspannung, für Zugfedern abhängig von d, höchstzulässige
$\tau_{i\,Bl}, \tau_{i\,zul}$	N/mm^2	Schubspannung bei F_{Bl}, zulässige Verdrehspannung
$\tau_{kH} = \sigma_O - \sigma_U,\ \tau_{kh} = \tau_{i2} - \tau_{i1}$	N/mm^2	Dauerhubfestigkeit, vorhandene Hubspannung zugeordnet Δs bei Berücksichtigung der Drahtkrümmung
τ_{kU}, τ_{kO}	N/mm^2	Unter-, Oberspannung der Dauerfestigkeit

Elastische Federn

Nr.	Formel	Gl.-Nr.	Hinweise
	Druckfedern		
21	Summe der Mindestabstände $S_a = x \cdot d \cdot i_f$	(10.29)	x aus A10-10
22	Blocklänge kaltgeformt mit plangeschliffenen Enden $L_{Bl} \approx i_g \cdot d$ warmgeformt aus gewalzten bzw. geschliffenen Stäben $L_{Bl} \approx (i_g - 0{,}3) \cdot d$ bzw. $L_{Bl} \approx (i_g - 0{,}4) \cdot d$	(10.30a) (10.30b)	$i_g = i_f + 2$ kaltgeformt mit $i_f \geqslant 2$ $= i_f + 1{,}5$ warmgeformt mit $i_f \geqslant 3$ i_g auf Halbe endend! Vorzugs-d nach DIN 2076: 0,5; 0,56; 0,63; 0,7; 0,8; 0,9; 1,0; 1,1; 1,25; 1,4; 1,6; 1,8; 2,0; 2,25; 2,5; 2,8; 3,2; 3,6; 4,0; 4,5; 5,0; 5,6; 6,3; 7,0; 8,0; 9,0; 10; 11; 12,5; 14; 16 mm. DIN 2077 warmgeformt: 18; 20; 22,5; 25; 28; 32; 36; 40; 45; 50 mm.
23	kleinste zulässige Federlänge $L_n \approx L_{Bl} + S_a$	(10.31)	
24	vorhandene ideelle Schubspannung $\tau_i \approx \dfrac{F \cdot D_m}{0{,}4 \cdot d^3} = \dfrac{G}{\pi} \cdot \dfrac{d \cdot s}{i_f \cdot D_m^2} \leqslant \tau_{i\,zul}$	(10.33)	bei vorwiegend ruhender Beanspruchung bzw. $N < 10^4$ Lastspielen $\tau_{i\,zul}$ aus A10-16, bei kaltgeformten Federn: $\tau_{i\,Bl} \leqslant 1{,}12 \cdot \tau_{i\,zul}$ für $F_{Bl} = R \cdot s_{Bl}$ $= R \cdot (L_0 - L_{Bl})$ bei warmgeformten Federn: $\tau_{i\,Bl} \leqslant \tau_{i\,zul}$ aus A10-17
25	vorhandene Schubspannung bei schwingender Beanspruchung $\tau_k = k \cdot \tau_i \approx k \cdot \dfrac{F \cdot D_m}{0{,}4 \cdot d^3} = k \cdot \dfrac{G}{\pi} \cdot \dfrac{d \cdot s}{i_f \cdot D_m^2}$	(10.34)	k aus A10-18 mit $\Delta F = F_2 - F_1$ zugeordnet $\Delta s = s_2 - s_1 = L_2 - L_1$ muß $\tau_{kh} = \tau_{k2} - \tau_{k1}$ $\leqslant \tau_{kH}$ aus A10-19 bis A10-21 sein, wenn $\tau_{kU} = \tau_{k1}$ und $\tau_{kO} \geqslant \tau_{k2}$.
26	Federweg $s = \dfrac{8 \cdot D_m^3 \cdot i_f \cdot F}{G \cdot d^4}$ Federrate $R = \dfrac{F}{s} = \dfrac{\Delta F}{\Delta s} = \dfrac{G \cdot d^4}{8 \cdot D_m^3 \cdot i_f}$ Federungsarbeit $W = \dfrac{F \cdot s}{2} = \dfrac{V \cdot \tau_{i\,zul}^2}{4G}$	(10.35) (10.36) (10.37)	G nach A10-1, d nach Nr. 22 Hinweise $V = \dfrac{d^2 \cdot \pi}{4} \cdot D_m \cdot \pi \cdot i_f$ Näherung für d mit vorgegebenem D_a bzw. D_i bei $F = F_2 \mathrel{\hat=} F_{max}$: $d \approx k_1 \cdot \sqrt[3]{F \cdot D_a}$ bzw. $d \approx k_1 \cdot \sqrt[3]{F \cdot D_i} + k_2$, wenn $k_2 = \dfrac{2 \cdot (k_1 \cdot \sqrt[3]{F \cdot D_i})^2}{3 \cdot D_i}$ Drahtsorte A, B, C, II | FD, VD für $d < 5$ mm $k_1 = 0{,}15$ | $= 0{,}17$ $d = 5 \ldots 14$ mm $= 0{,}16$ | $= 0{,}18$ Entwurf auch nach A10-27 mit F, D_m, d, so daß $\tau_i < \tau_{i\,zul}$; Knicksicherheit aus A10-22
27	niedrigste Eigenfrequenz $n_e = 3{,}63 \cdot 10^5 \cdot \dfrac{d}{i_f \cdot D_m^2}$ bzw. $1{,}37 \cdot 10^2 \cdot \dfrac{\tau_{kh}}{k \cdot \Delta s}$	(10.38)	d, D_m in mm

Nr.	Formel	Gl.-Nr.	Hinweise
	Zugfedern		
28	Länge des unbelasteten Federkörpers mit eingewundener Vorspannung $L_K \approx (i_g + 1) \cdot d$ Federlänge zwischen Öseninnenkanten $L_0 \approx L_K + 2 \cdot L_H + z$	(10.32)	ganze deutsche Öse 90° versetzt $L_H = 0{,}8 \ldots 1{,}1 \cdot D_i$ z als Zahlenwert Gütegrad 1 aus A10-12c
29	Federrate $R = \dfrac{F - F_0}{s} = \dfrac{G \cdot d^4}{8 \cdot D_m^3 \cdot i_f}$	(10.39)	Schubspannungen wie Nr. 24 und 25 $F \mathrel{\hat{=}} F - F_0$; $\tau_i \leqslant \tau_{i\,zul}$ nach A10-24 für kaltgeformte Feder überwiegend ruhend; für warmgeformte Federn $\tau_{i\,zul} \leqslant 600\ \text{N/mm}^2$. Näherung für d wie Nr. 26 Hinweise.
30	innere Vorspannkraft $F_0 = F - R \cdot s = F - \dfrac{G \cdot d^4 \cdot s}{8 \cdot D_m^3 \cdot i_f}$	(10.40)	
	innere Schubspannung $\tau_{i0} \approx \dfrac{F_0 \cdot D_m}{0{,}4 \cdot d^3} \leqslant \tau_{i0\,zul}$	(10.41)	$\tau_{i0\,zul} = \tau_{i0} \cdot \beta$ aus A10-25 mit A10-26
31	Anzahl der federnden Windungen $i_f = \dfrac{G \cdot d^4 \cdot s}{8 \cdot D_m^3 (F - F_0)}$	(10.42)	$i_f \geqslant 3 \leqslant i_g$ $i_g = i_f$ mit angebogenen Ösen $i_f < i_g$ mit eingerollten Haken oder Einschraubstücken
	Gesamtzahl der Windungen bei gegebener L_K: $i_g = \dfrac{L_K}{d} - 1$	(10.43)	s. Nr. 28
32	Federungsarbeit $W = \dfrac{(F - F_0) \cdot s}{2}$	(10.44)	mit innerer Vorspannkraft s. Nr. 30

11 Achsen, Wellen und Zapfen

Formelzeichen	Einheit	Benennung
c	N/m	Federsteife für elastische Biegung
c_t	Nm/rad	Drehfedersteife
c_B	1	Betriebsfaktor zur Berücksichtigung der dynamischen Betriebsverhältnisse
d, d'	mm	Wellen- bzw. Achsendurchmesser
$d_1, d_2 \ldots$	mm	Durchmesser der betreffenden Teillängen
d_a, d'_a	mm	Außendurchmesser der Hohlwelle bzw. -achse
d_i	mm	Innendurchmesser der Hohlwelle bzw. -achse
f	mm	Durchbiegung an der Stelle der umlaufenden Masse
f_{max}	mm	maximale Durchbiegung an den Stellen der umlaufenden Masse (nicht identisch mit der maximalen Durchbiegung der Welle)
f_{res}	mm	resultierende Durchbiegung
G	N/mm²	Schubmodul
I_p	mm⁴	polares Flächenmoment 2. Grades
J, J_1, J_2	kgm²	Massenmoment 2. Grades (Trägheitsmoment)
k	1	Korrekturfaktor zur Berücksichtigung der Einspannung; Durchmesserverhältnis $k = d_i/d_a$
$l, l_1, l_2 \ldots$	mm, m	Länge bzw. Teillängen
M	Nmm, Nm	Biegemoment
M_v	Nmm, Nm	Vergleichsmoment (vergleichbares Biegemoment)
m	kg	Masse der umlaufenden Scheibe
n	1/min	Drehzahl
n_{kb}, n_{kt}	1/min	biegekritische bzw. verdrehkritische Drehzahl
P	kW	von der Welle zu übertragende Leistung
T	Nmm, Nm	Drehmoment
T_{nenn}	Nmm, Nm	Nenndrehmoment
W	mm³	axiales Widerstandsmoment
W_p	mm³	polares Widerstandsmoment
$\alpha_x, \alpha_y, \alpha_{res}$	°	Neigungswinkel
α_0	1	Anstrengungsverhältnis
ν_D	1	vorhandene Sicherheit gegen Dauerbruch
$\nu_{D\,erf}$	1	erforderliche Sicherheit gegen Dauerbruch
$\sigma_b, \sigma_{b\,zul}$	N/mm²	Biegespannung bzw. zulässige Biegespannung
σ_G	N/mm²	Gestaltfestigkeit
σ_V	N/mm²	Vergleichsspannung (vergleichbare Biegespannung)
τ_G	N/mm²	Gestaltfestigkeit
$\tau_t, \tau_{t\,zul}$	N/mm²	Verdrehspannung bzw. zulässige Verdrehspannung
τ_{tD}	N/mm²	Verdrehdauerfestigkeit
φ	°	Verdrehwinkel
ω_k	1/s	Eigenkreisfrequenz

Nr.	Formel	Gl.-Nr.	Hinweise
	Achsen (Durchmesserermittlung)		
1	Für jeden Querschnitt zu erfüllende Festigkeitsbedingung $\sigma_b = \frac{M}{W} \leqslant \sigma_{b\,zul}$	(11.3)	W nach A11-5 $\sigma_{b\,zul}$ nach Kapitel 3 Nr. 5
2	erforderlicher Mindestdurchmesser für die Achse mit Kreisquerschnitt $d \geqslant 2{,}17 \cdot \sqrt[3]{M/\sigma_{b\,zul}}$	(11.4)	
3	oder überschlägig $d' \approx 3{,}4 \cdot \sqrt[3]{M/\sigma_{bD}}$	(11.20)	d | M | $\sigma_{b\,zul}, \sigma_{bD}$ mm | Nmm | N/mm² $\sigma_{bD} \mathrel{\hat{=}} \sigma_{b\,Sch}$ bzw. σ_{bW} nach A3-10 ff
4	erforderlicher Außendurchmesser für die Hohlachse mit Kreisringquerschnitt $d_a \geqslant 2{,}17 \cdot \sqrt[3]{\frac{M}{(1-k^4) \cdot \sigma_{b\,zul}}}$	(11.5)	eventuelle Querschnittsschwächungen sind zu berücksichtigen $k = d_i/d_a$ $0 < k < 1$; günstig $k < 0{,}6$ d_a | M | k | $\sigma_{b\,zul}, \sigma_{bD}$ mm | Nmm | 1 | N/mm²
5	oder überschlägig $d_a \approx 3{,}4 \cdot \sqrt[3]{\frac{M}{(1-k^4) \cdot \sigma_{bD}}}$	(11.21)	
6	$d_i \leqslant k \cdot d_a$	(11.6)	
7	Es muß sichergestellt sein, daß für jeden Querschnitt $\nu_D = \frac{\sigma_G}{\sigma_b} \geqslant \nu_{D\,erf}$	–	σ_G nach Kapitel 3 Nr. 4 $\nu_{D\,erf} \approx 1{,}2 \ldots 2$, s. Lehrbuch 3.4.7
	Wellen (Durchmesserermittlung)		
	a) reine Verdrehbeanspruchung		
8	Für jeden Querschnitt zu erfüllende Festigkeitsbedingung $\tau_t = \frac{T}{W_p} \leqslant \tau_{t\,zul}$	(11.8)	W_p nach A11-5 $\tau_{t\,zul}$ nach Kapitel 3 Nr. 4
9	von der Welle zu übertragendes Nenndrehmoment $T_{nenn} = 9550 \cdot \frac{P}{n}$	(11.1)	T_{nenn} | P | n Nm | kW | 1/min
10	das für die Berechnung maßgebende Drehmoment $T = c_B \cdot T_{nenn}$	(11.2)	c_B nach A3-5

<table>
<tr><th>Nr.</th><th>Formel</th><th>Gl.-Nr.</th><th>Hinweise</th></tr>
<tr><td>11</td><td>erforderlicher Mindestdurchmesser für die Vollwelle mit Kreisquerschnitt
$d \geqslant 1{,}72\,\sqrt[3]{\dfrac{T}{\tau_{t\,zul}}}$</td><td>(11.9)</td><td><table><tr><td>d</td><td>T</td><td>$\tau_{t\,zul}, \tau_{tD}$</td></tr><tr><td>mm</td><td>Nmm</td><td>N/mm²</td></tr></table></td></tr>
<tr><td>12</td><td>oder überschlägig
$d' \approx 2{,}7 \cdot \sqrt[3]{\dfrac{T}{\tau_{tD}}}$ bzw.</td><td>(11.17)</td><td><table><tr><td>d'</td><td>T</td><td>τ_{tD}</td></tr><tr><td>mm</td><td>Nmm</td><td>N/mm²</td></tr></table></td></tr>
<tr><td>13</td><td>$d' \approx 600 \cdot \sqrt[3]{\dfrac{c_B \cdot P}{n \cdot \tau_{tD}}}$</td><td>(11.17a)</td><td><table><tr><td>d'</td><td>c_B</td><td>P</td><td>n</td><td>τ_{tD}</td></tr><tr><td>mm</td><td>1</td><td>kW</td><td>1/min</td><td>N/mm²</td></tr></table></td></tr>
<tr><td>14</td><td>erforderlicher Außendurchmesser für die Hohlwelle (s. zu Nr. 4)
$d_a = 1{,}72 \cdot \sqrt[3]{\dfrac{T}{(1-k^4)\,\tau_{t\,zul}}}$</td><td>(11.10)</td><td><table><tr><td>d_a</td><td>T</td><td>k</td><td>$\tau_{t\,zul}$</td></tr><tr><td>mm</td><td>Nmm</td><td>1</td><td>N/mm²</td></tr></table></td></tr>
<tr><td>15</td><td>oder überschlägig
$d_a' \approx 2{,}7 \cdot \sqrt[3]{\dfrac{T}{(1-k^4)\,\tau_{tD}}}$ bzw.</td><td>(11.16)</td><td><table><tr><td>d_a'</td><td>T</td><td>k</td><td>τ_{tD}</td></tr><tr><td>mm</td><td>Nmm</td><td>1</td><td>N/mm²</td></tr></table></td></tr>
<tr><td>16</td><td>$d_a' \approx 600 \cdot \sqrt[3]{\dfrac{c_B \cdot P}{(1-k^4) \cdot n \cdot \tau_{tD}}}$</td><td>(11.16a)</td><td><table><tr><td>d_a'</td><td>c_B, k</td><td>P</td><td>n</td><td>τ_{tD}</td></tr><tr><td>mm</td><td>1</td><td>kW</td><td>1/min</td><td>N/mm²</td></tr></table></td></tr>
<tr><td>17</td><td>$d_i \leqslant k \cdot d_a$</td><td>(11.6)</td><td>$0 < k < 1$; günstig $k < 0{,}6$
eventuelle Querschnittsschwächungen berücksichtigen</td></tr>
<tr><td></td><td>b) gleichzeitig verdreh- und biegebeanspruchte Wellen</td><td></td><td></td></tr>
<tr><td>18</td><td>Für jeden Querschnitt zu erfüllende Festigkeitsbedingung
$\sigma_v = \dfrac{M_v}{W} \leqslant \sigma_{b\,zul}$</td><td>(11.13)</td><td>W nach A11-5
$\sigma_{b\,zul}$ nach Kapitel 3 Nr. 5
$\alpha_0 \approx 0{,}7$ wenn Biegung und Verdrehung im *ungleichen* Lastfall
$\alpha_0 \approx 1$ wenn Biegung und Verdrehung im gleichen Lastfall</td></tr>
<tr><td>19</td><td>das für die Berechnung maßgebende Vergleichsmoment
$M_v = \sqrt{M^2 + 0{,}75\,(\alpha_0 \cdot T)^2}$</td><td>(11.12)</td><td></td></tr>
<tr><td>20</td><td>erforderlicher Mindestdurchmesser für die Vollwelle mit Kreisquerschnitt
$d \geqslant 2{,}17 \cdot \sqrt[3]{\dfrac{M_v}{\sigma_{b\,zul}}}$</td><td>(11.14)</td><td><table><tr><td>d, d'</td><td>M, T, M_v</td><td>α_0</td><td>$\sigma_{b\,zul}, \sigma_{bD}$</td></tr><tr><td>mm</td><td>Nmm</td><td>1</td><td>N/mm²</td></tr></table>$\sigma_{b\,zul}$ s. zu Nr. 1
σ_{bD} s. zu Nr. 3</td></tr>
<tr><td>21</td><td>oder überschlägig, wenn das an der betreffenden Stelle wirkende Biegemoment bekannt ist
$d' \approx 3{,}4 \cdot \sqrt[3]{\dfrac{M}{\sigma_{bD}}}$ bzw. wenn</td><td>(11.20)</td><td>3,5 für relativ kleine,
4,5 für relativ große Lagerabstände<table><tr><td>d_a, d_a'</td><td>M_v</td><td>k</td><td>$\sigma_{b\,zul}, \sigma_{bD}$</td></tr><tr><td>mm</td><td>N/mm</td><td>1</td><td>N/mm²</td></tr></table></td></tr>
<tr><td>22</td><td>das Biegemoment noch unbekannt ist
$d' \approx (3{,}5 \ldots 4{,}5) \cdot \sqrt[3]{\dfrac{T}{\sigma_{bD}}}$</td><td>(11.18)</td><td>d_i s. zu Nr. 17</td></tr>
</table>

Nr.	Formel	Gl.-Nr.	Hinweise
23	erforderlicher Außendurchmesser für Hohlwelle (s. zu Nr. 4) $d_a \approx 2{,}17 \cdot \sqrt[3]{\frac{M_v}{(1-k^4)\cdot\sigma_{b\,zul}}}$	(11.15)	
24	oder überschlägig $d'_a \approx 3{,}4 \cdot \sqrt[3]{\frac{M_v}{(1-k^4)\cdot\sigma_{bD}}}$	(11.21)	
25	es muß sichergestellt sein, daß für jeden Querschnitt $\nu_D = \frac{\tau_G}{\tau_t}$ bzw. $\frac{\sigma_G}{\sigma_v} \geqslant \nu_{D\,erf}$		$\nu_{D\,erf}$ s. zu Nr. 7

11.6 Verformungen der Achsen und Wellen

Nr.	Formel	Gl.-Nr.	Hinweise
26	Verdrehwinkel für *glatte* Wellen $\varphi^\circ = \frac{180^\circ}{\pi}\cdot\frac{l\cdot\tau_t}{r\cdot G} = \frac{180^\circ}{\pi}\cdot\frac{T\cdot l}{G\cdot I_p}$	(11.22)	T nach Nr. 10 G nach A3-1 $I_p \mathrel{\hat=} I_t$ nach A11-5
27	erforderlicher Durchmesser der glatten Welle aus St für $\varphi = \frac{1}{4}\ ^\circ/\text{m}$ $d \approx 2{,}32 \cdot \sqrt[4]{T} \approx 129 \cdot \sqrt[4]{\frac{c_B \cdot P}{n}}$	(11.23)	d | T | c_B | P | n mm | Nmm | 1 | kW | 1/min
28	für abgesetzte Wellen mit den Durchmessern $d_1, d_2 \ldots d_n$ und den zugehörigen Längen $l_1, l_2 \ldots l_n$ $\varphi^\circ \approx \frac{180^\circ}{\pi}\cdot\frac{(32/\pi)\cdot T}{G}\cdot\left(\frac{l_1}{d_1^4}+\frac{l_2}{d_2^4}+\ldots\frac{l_n}{d_n^4}\right)$	(11.24)	φ | T | G | l, d ° | Nmm | N/mm² | mm
29	resultierende Durchbiegung $f_{res} = \sqrt{f_x^2 + f_y^2}$	(11.25)	f_x bzw. f_y nach A11-6 allgemein $f \leqslant l_a/3000$ mit Lagerabstand l_a in mm
30	resultierende Neigung $\tan\alpha_{res} = \sqrt{\tan^2\alpha_x + \tan^2\alpha_y}$	(11.26)	see table below

Anwendungsfall	$\tan\alpha \approx$
– starre Wälzlager	0,001
– Gleitlager mit beweglicher Schale	0,001
– Gleitlager mit feststehender Schale	0,0003
– unsymmetrische Anordnung von Zahnrädern	0,0001

Nr.	Formel	Gl.-Nr.	Hinweise
	11.7 Kritische Drehzahl		
	a) biegekritische Drehzahl		
31	Eigenkreisfrequenz allgemein $\omega_k = \sqrt{\frac{c}{m}}$	(11.27)	
32	biegekritische Drehzahl unter Berücksichtigung der Lagerung bzw. Einspannung $n_{kb} \approx k \cdot 950 \sqrt{\frac{1}{f}}$	(11.29)	n_{kb}: 1/min; k: 1; f: mm Einspannung – k: frei gelagerte umlaufende Achsen und Wellen (Normalfall): 1 an den Enden eingespannte feststehende Achsen: 1,3
33	bei zweifach gelagerten Wellen mit mehreren Einzelmassen $n_{kb} \approx 950 \sqrt{\frac{1}{f_{max}}}$	(11.30)	
	b) verdrehkritische Drehzahl		
34	Eigenkreisfrequenz allgemein $\omega_k = \sqrt{\frac{c_t}{J}}$	(11.33)	
35	verdrehkritische Drehzahl $n_{kt} = \frac{30}{\pi} \cdot \sqrt{\frac{c_t}{J}} \approx 72{,}3 \cdot \sqrt{\frac{T}{\varphi \cdot J}}$	(11.34)	n_{kt}: 1/min; T: Nm; φ: °; J: kgm^2 T nach Nr. 9
36	für eine Welle mit zwei Massen $n_{kt} = \frac{30}{\pi} \cdot \sqrt{c_t \cdot \left(\frac{1}{J_1} + \frac{1}{J_2}\right)}$ $\approx 72{,}3 \cdot \sqrt{\frac{T}{\varphi}\left(\frac{1}{J_1} + \frac{1}{J_2}\right)}$	(11.36)	

12 Elemente zum Verbinden von Wellen und Naben

Formelzeichen	Einheit	Benennung
A_F	mm^2	Fugenfläche
A_{proj}	mm^2	projizierte Fläche
C	1	Kegelverhältnis
c_B	1	Betriebsfaktor zur Berücksichtigung der dynamischen Betriebsverhältnisse
D, D_1, D_2	mm	Durchmesser
D_A, D_I	mm	Durchmesser des Außen- bzw. Innenteiles
D_F	mm	Fugendurchmesser
D_{Fm}	mm	mittlerer Fugendurchmesser
d_m	mm	dynamische Betriebsverhältnisse, mittlerer Profildurchmesser
F_{ax}	kN	übertragbare Axialkraft
F_e	N, kN	Einpreßkraft
F_{Kl}	N, kN	Klemmkraft
F_l	N	Längskraft
F_N, F'_N	N	Anpreßkraft
F_R	N	Reibkraft, Rutschkraft
F_{Rl}	N	Rutschkraft in Längsrichtung
F_{Rt}	N	Rutschkraft in Umfangsrichtung
$F_{R\,res}$	N	Rutschkraft in resultierender Richtung
F_{res}	N	resultierende Kraft aus Längs- und Tangentialkraft
F_t	N	Tangentialkraft (Umfangskraft)
F_{VM}	N, kN	Montagevorspannkraft
F_0	kN	axiale Spannkraft zur Überbrückung des Passungsspieles
$F_{(100)}$	kN	axiale Spannkraft zur Erzeugung der Flächenpressung $p_{(100)} = 100\ N/mm^2$
f_n	1	Anzahlfaktor
f_p	1	Pressungsfaktor
G	μm	Glättungstiefe
h'	mm	tragende Profilhöhe
K_A, K_I	mm^2/N	Hilfsgrößen für Außen- und Innenteil zur Berücksichtigung des elastischen Verhaltens
L	mm	Nabenlänge
l, l_1, l_2	mm	Längen bzw. Wirkabstände
l_F	mm	Fugenlänge
l'	mm	tragende Paßfederlänge
n	1, 1/min	Anzahl, Betriebsdrehzahl
n_g	1/min	Grenzdrehzahl für den Fugendruck $p_F = 0$
p_F	N/mm^2	Fugendruck
p_{Fg}, p_{Fk}	N/mm^2	größter bzw. kleinster Fugendruck
$p_{F\,zul}$	N/mm^2	zulässiger Fugendruck
Q_A, Q_I	1	Durchmesserverhältnis
R_{eA}, R_{eI}	N/mm^2	Streckgrenze des Außenteil- bzw. Innenteilwerkstoffes
R_{zAi}, R_{zIa}	μm	gemittelte Rauhtiefe der Fugenflächen des Außenteils innen bzw. den Innenteiles außen
S_g, S_k	μm	Größt- bzw. Kleinstspiel, Einführspiel
T	Nm, Nmm	Drehmoment
T_B, T_W	μm	Bohrungs- bzw. Wellentoleranz
T_n	Nm, Nmm	übertragbares Drehmoment bei der Betriebsdrehzahl n
T_p	μm	Paßtoleranz
$T_{(100)}$	Nm	das von einem Spannelement übertragbare Drehmoment bei einer Fugenpressung $p_{(100)} = 100\ N/mm^2$
U_g, U_k	μm	Größt- bzw. Kleinstübermaß
Z_g, Z_k	μm	größtes bzw. kleinstes Haftmaß
α	°	Kegelwinkel
α_A, α_I	1/K	Längenausdehnungskoeffizient
ϑ	°C	Raumtemperatur
ϑ_A, ϑ_I	°C	Temperatur des Außen- bzw. Innenteiles

Elemente zum Verbinden von Wellen und Naben

Formelzeichen	Einheit	Benennung
$\Delta\vartheta$	°C, K	Temperaturdifferenz
μ	1	Reibungszahl, Haftbeiwert
μ_e	1	Einpreß-Haftbeiwert
ν_A, ν_I	1	Querdehnzahl für das Außen- bzw. Innenteil
ρ	1	Reibungswinkel
$\sigma_{tAa}, \sigma_{tAi}$	N/mm²	Tangentialspannung im Außenteil außen bzw. innen
$\sigma_{tIa}, \sigma_{tIi}$	N/mm²	Tangentialspannung im Innenteil außen bzw. innen
σ_{rAi}	N/mm²	Radialspannung im Außenteil innen
σ_{rIi}	N/mm²	Radialspannung im Innenteil innen
$\sigma_{vAi}, \sigma_{vIi}$	N/mm²	Vergleichspannung im Außenteil innen bzw. Innenteil innen
φ	1	Tragfaktor zur Berücksichtigung der Paßfederanzahl

Nr.	Formel	Gl.-Nr.	Hinweise
	12.2.1 Klemmverbindung		
	geteilte Scheibennabe		
1	Zur Übertragung des Drehmomentes erforderliche kleinste Fugenpressung $p_{Fk} \geqslant \frac{2 \cdot c_B \cdot T}{\pi \cdot D_F^2 \cdot l_F \cdot \mu} \leqslant p_{F\,zul}$	(12.1)	c_B nach A3-5 $T = 9550 \cdot P/n$ T | P | n: Nm | kW | 1/min für Naben aus St, GS $p_{F\,zul} \approx \frac{R_e}{3}$ bzw. $\frac{R_{p\,0,2}}{3}$
2	aufzubringende Klemmkraft je Schraube $F_{Kl} \geqslant \frac{p_{Fk} \cdot A_{proj}}{n} = \frac{2 \cdot c_B \cdot T}{n \cdot \pi \cdot D_F \cdot \mu}$	(12.2)	GG $p_{F\,zul} \approx \frac{R_m}{5}$
	geschlitzte Hebelnabe		
3	erforderliche Anpreßkraft je Nabenhälfte $F_N \geqslant \frac{c_B \cdot T}{D_F \cdot \mu}$	(12.3)	$R_e, R_{p\,0,2}, R_m$ nach A1-4 μ nach A12-5 (Werte für *Querpassung*)
4	erforderliche Klemmkraft je Schraube $F_{Kl} \geqslant \frac{c_B \cdot T \cdot l_1}{n \cdot D_F \cdot \mu \cdot l_2}$	(12.4)	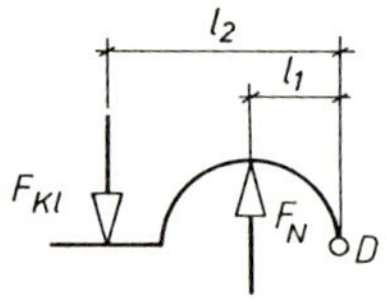
5	mittlere Fugenpressung im Montagezustand $p_{Fg} = \frac{n \cdot F_{VM}}{D_F \cdot l_F} \leqslant p_{F\,zul}$ $F_{VM} = F_N$	(12.5)	$F_{VM} \mathrel{\hat=} F_{sp}$ nach A8-18 n = Anzahl der Schrauben
	12.2.2 Kegelverbindung		
6	Kegelverhältnis $C = \frac{1}{x} = \frac{D_1 - D_2}{l}$	(12.6)	genormte Werte für C nach A12-1 Selbsthemmung bei $C \leqslant 1:5$
7	Kegelwinkel (Einstellwinkel) $\tan\left(\frac{\alpha}{2}\right) = \frac{D_1 - D_2}{2 \cdot l}$	(12.7)	

Nr.	Formel	Gl.-Nr.	Hinweise
8	zur Übertragung des Drehmomentes T erforderliche Anpreßkraft (gleich Normalkraft) $F'_N \geqslant \dfrac{T}{\mu \cdot D_{Fm}}$	(12.8)	$D_{Fm} = \dfrac{D_1 + D_2}{2}$ T, c_B s. Nr. 1
9	zur Übertragung des Drehmomentes erforderliche axiale Einpreßkraft $F_e \approx \dfrac{2 \cdot c_B \cdot T \cdot \sin\left(\dfrac{\alpha}{2} + \rho\right)}{D_{Fm} \cdot \mu}$	(12.9)	$\tan \rho = \mu$; μ nach A1-2
10	durch die Einpreßkraft erzeugte Fugenpressung $p_F = \dfrac{F_e}{D_{Fm} \cdot \pi \cdot l \cdot \tan\left(\dfrac{\alpha}{2} + \rho\right)} \leqslant p_{F\,zul}$	(12.10)	$p_{F\,zul}$ s. Nr. 1
11	von der Kegelverbindung maximal übertragbares Drehmoment $T \leqslant \dfrac{D_{Fm}^2 \cdot \mu \cdot \pi \cdot l}{2 \cdot c_B \cdot \cos\left(\dfrac{\alpha}{2} + \rho\right)} \cdot p_{F\,zul}$	(12.11)	
	12.2.3 Spannelementverbindung		
	Ringfeder-Spannverbindung		
12	von n Elementen übertragbares Drehmoment $c_B \cdot T \leqslant T_{(100)} \cdot f_p \cdot f_n$	(12.12)	c_B, T s. Nr. 1 $T_{(100)}$ nach A12-3 $f_p = p_F / p_{(100)}$ für St, GS $p_F \approx 0{,}9 \cdot R_e\,(R_{p\,0,2})$ GG $p_F \approx 0{,}6 \cdot R_m$ $p_{(100)} = 100\ \text{N/mm}^2$
13	von n Elementen übertragbare größte Axialkraft $c_B \cdot F_{ax} \leqslant F_{ax\,(100)} \cdot f_p \cdot f_n$	(12.13)	Anzahl Elemente: 1 | 2 | 3 | 4 f_n (geölter Zustand): 1 | 1,55 | 1,85 | 2,02
14	zur Herstellung der Verbindung erforderliche axiale Spannkraft $F_a = f_n \cdot \dfrac{F_0 + F_{(100)} \cdot f_p}{f_n} = F_0 + F_{(100)} \cdot f_p$	(12.14)	F_0, $F_{(100)}$ nach A12-3
15	bei gleichzeitigem Wirken von Drehmoment und Axialkraft ist maßgebend $T_{res} \approx \sqrt{T^2 + (F_{ax} \cdot d/2)^2} \leqslant T_{zul}$	(12.15)	d Wellendurchmesser $T_{zul} \mathrel{\hat=} T$ nach A12-3b
	12.2.4 Zylindrische Preßverbände		
16	Durchmesserverhältnis $Q_A = \dfrac{D_F}{D_{Aa}} < 1$; $Q_I = \dfrac{D_{Ii}}{D_F} < 1$	–	

Elemente zum Verbinden von Wellen und Naben

Nr.	Formel	Gl.-Nr.	Hinweise
	auftretende Spannungen bei rein elastischer Pressung; Innenteil als *Hohlwelle*		Bedeutung der Indizes: t tangential r radial A_a Außenteil außen A_i Außenteil innen I_a Innenteil außen I_i Innenteil innen Q_A, Q_I s. Nr. 16
17	$\sigma_{tAi} = p_F \cdot \dfrac{1+Q_A^2}{1-Q_A^2}$	(12.17)	
18	$\sigma_{tAa} = p_F \cdot \dfrac{1+Q_A^2}{1-Q_A^2} - p_F = \sigma_{tAi} - p_F$	(12.18)	
19	$-\sigma_{tIi} = p_F \cdot \dfrac{1+Q_I^2}{1-Q_I^2} + p_F = \dfrac{2 \cdot p_F}{1-Q_I^2}$	(12.19)	
20	$-\sigma_{tIa} = p_F \cdot \dfrac{1+Q_I^2}{1-Q_I^2}$	(12.20)	
21	$\lvert\sigma_{rAi}\rvert = \lvert\sigma_{rIa}\rvert = \lvert p_F\rvert$	(12.21)	
22	bei einem Innenteil als *Vollwelle* ($D_{Ii} = 0$) wird anstelle Nr. 20 $-\sigma_{tIa} = p_F$	(12.22)	
	die an den gefährdeten Stellen auftretende Vergleichsspannung		R_e, $R_{p0,2}$ nach A1-4
23	$\sigma_{vAi} = p_F \cdot \dfrac{\sqrt{3+Q_A^4}}{1-Q_A^2} \leqslant R_{eA}$ (bzw. $R_{p0,2A}$)	(12.23)	
24	$\sigma_{vIi} = \sigma_{tIi} = -\dfrac{2\,p_F}{1-Q_I^2} \leqslant R_{eI}$ (bzw. $R_{p0,2I}$)	(12.24)	
	Rutschkraft in Längs-, Umfangs- und resultierender Richtung		c_B nach A3-5 $\nu_H \approx 1{,}5 \ldots 2$
25	$F_{Rl} = (c_B \cdot \nu_H) \cdot F_l$		
26	$F_{Rt} = (c_B \cdot \nu_H) \cdot F_t$	(12.25)	
27	$F_{R\,res} = (c_B \cdot \nu_H) \cdot F_{res}$		
	zur Übertragung der Rutschkraft kleinste erforderliche Fugenpressung		$A_F = D_F \cdot \pi \cdot l_F$ μ nach A12-5
28	$p_{Fk} = \dfrac{F_{Rl}}{A_F \cdot \mu}$		
29	$p_{Fk} = \dfrac{F_{Rt}}{A_F \cdot \mu}$	(12.26)	
30	$p_{Fk} = \dfrac{F_{R\,res}}{A_F \cdot \mu}$		
31	kleinstes Haftmaß $Z_k = p_{Fk} \cdot D_F \cdot (K_A + K_I) \cdot 10^3$		K_A, K_I nach Nr. 32 bzw. 33 Z_k: µm; p_{Fk}: N/mm²; D_F: mm; K_A, K_I: mm²/N
	Hilfsgrößen zur Berücksichtigung des elastischen Verhaltens		ν_A, ν_I nach A12-5 für St und GG s. auch A12-6

Nr.	Formel	Gl.-Nr.	Hinweise
32	$K_A = \dfrac{(1+\nu_A)+(1-\nu_A)\cdot Q_A^2}{E_A\cdot(1-Q_A^2)}$	(12.28a)	Q_A, Q_I s. Nr. 16 E_A, E_I nach A3-1
33	$K_I = \dfrac{(1-\nu_I)+(1+\nu_I)\cdot Q_I^2}{E_I\cdot(1-Q_I^2)}$	(12.28b)	
34	beim Fügen auftretende Glättung $G \approx 0{,}8\cdot(R_{zAi}+R_{zIa})$	(12.29)	R_{zAi}, R_{zIa} nach A2-7
35	vor dem Fügen kleinstes meßbare erforderliches Übermaß $U_k = Z_k + G$	(12.30)	
36	größte zulässige Fugenpressung bei *Vollwellen* (Außenteil innen) $p_{Fg} \leqslant R_{eA}$ (bzw. $R_{p0,2A}$) $\cdot \dfrac{1-Q_A^2}{\sqrt{3+Q_A^4}}$	(12.31)	$R_e, R_{p0,2}$ nach A1-4
37	bei *Hohlwellen* (Innenteil innen) $p_{Fg1} \leqslant R_{eI}$ (bzw. $R_{p0,2I}$) $\cdot \dfrac{1-Q_I^2}{2}$	(12.32)	bei Hohlwellen ist stets der kleinere Wert p_{Fg} oder p_{Fg1} maßgebend
38	größtes zulässiges Haftmaß $Z_g = p_{Fg}\cdot D_F\,(K_A+K_I)\cdot 10^3$	(12.33)	s. Nr. 31
39	vor dem Fügen größtes meßbare erforderliches Übermaß $U_g = Z_g + G$	(12.34)	s. zu Nr. 35
40	Paßtoleranz $T_p = U_g - U_k$	(12.35)	für das System *Einheitsbohrung* wird empfohlen: 1. Bohrung H6 mit Wellen 5. Qualität 2. Bohrung H7 mit Wellen 6. Qualität 3. Bohrung H8 mit Wellen 7. Qualität 4. Bohrungen H8, H9 usw. mit Wellen der gleichen Qualität Bei Paarungen 1. bis 3. gilt $T_B \approx 0{,}6\cdot T_p$ bei Paarungen 4. gilt $T_B \approx 0{,}5\cdot T_p$
41	$T_p = T_B + T_W$	(12.36)	
42	zum Fügen eines *Längspreßverbandes* erforderliche Einpreßkraft $F_e \approx A_F\cdot p'_{Fg}\cdot \mu_e$	(12.37)	A_F s. Nr. 28 $p'_{Fg} = \dfrac{(U'_g - G)\cdot Z_g}{p_{Fg}}$ mit U'_g als *wirkliches* Größtübermaß zwischen beiden Teilen μ_e nach A12-5e

Nr.	Formel	Gl.-Nr.	Hinweise
43	zum Fügen eines *Querpreßverbandes* erforderliche Temperaturdifferenz $\Delta\vartheta = \vartheta_A - \vartheta = \dfrac{U'_g + S_k}{\alpha_A \cdot D_F \cdot 10^3}$ bzw. $\Delta\vartheta = \vartheta - \vartheta_I = \dfrac{U'_g + S_k}{\alpha_I \cdot D_F \cdot 10^3}$	(12.38)	$S_k \approx D_F/1000$ oder vorteilhaft auch $S_k \approx U'_g/2$ α_A, α_I nach A12-5 $\Delta\vartheta, \vartheta, \vartheta_A, \vartheta_I$ | U'_g, S_k | α | D_F K | µm | 1/K | mm
44	Grenzdrehzahl, bei der durch Einfluß der Fliehkraft der Fugendruck aufgehoben wird ($p_F = 0$) $n_g \approx 29{,}73 \cdot 10^6 \cdot \sqrt{\dfrac{p'_{Fk}}{D^2_{Aa}(1 - Q^2_A) \cdot \rho}}$	(12.39)	ρ nach A12-5b Q_A s. Nr. 16 p'_{Fk} ähnlich wie zu Nr. 42 n_g | p'_{Fk} | D_{Aa} | Q_A | ρ 1/min | N/mm² | mm | 1 | kg/m³
45	bei der Betriebsdrehzahl n übertragbares Drehmoment $T_n = T\left[1 - \left(\dfrac{n}{n_g}\right)^2\right]$	(12.40)	Gl. (12.39) gilt nur für Rotationskörper als Vollscheiben aus St. Einfluß der Fliehkraft ist für „normale" Drehzahlen unbedeutend.
	12.3.1 Keilwellenverbindung		
46	vorhandene Flächenpressung $p \approx \dfrac{2 \cdot c_B \cdot T}{d_m \cdot L \cdot h' \cdot 0{,}75 \cdot n} \leqslant p_{zul}$		c_B, T wie zu Nr. 1 h', n nach A12-2 für St, GS $p_{zul} \approx \dfrac{R_e\,(R_{p\,0,2})}{1{,}3 \ldots 2}$ GG $p_{zul} \approx \dfrac{R_m}{3 \ldots 4}$ bei Wechselbelastung sind jeweils die höheren Sicherheitswerte einzusetzen $R_e, R_{p\,0,2}, R_m$ nach A1-4
	12.3.5 Paßfederverbindung		
47	durch das Drehmoment hervorgerufene Flächenpressung $p \approx \dfrac{F_t}{h' \cdot l' \cdot n \cdot \varphi} \approx \dfrac{2 \cdot c_B \cdot T}{d \cdot h' \cdot l' \cdot n \cdot \varphi} \leqslant p_{zul}$	(12.42)	c_B, T wie zu Nr. 1 Regelfall $n = 1 \rightarrow \varphi = 1$ Ausnahme $n = 2 \rightarrow \varphi = 0{,}75$ h' nach A12-7 l' tragende Paßfederlänge Wellennut: $l' = l$ nach A12-7 für die Formen A und B Nabennut: $l' = l - b$ (b nach A12-7) p_{zul} wie zu Nr. 46

13 Kupplungen

Formelzeichen	Einheit	Benennung
C_a	N/mm	Axialfedersteife
C_r	N/mm	Radialfedersteife
C_w	Nm/rad	Winkelfedersteife
c_B	1	Betriebsfaktor
$C_{T\,dyn}$	Nm/rad	dynamische Drehfedersteife
F_a, F_r	N	axiale bzw. radiale Rückstellkraft
i	1	Übersetzung, Anzahl der Schwingungen je Umdrehung (Ordnungszahl)
J, J_{red}	kgm^2	auf Kupplungswelle reduziertes Trägheitsmoment aller bewegten Massen
J_A, J_L	kgm^2	Summe der Trägheitsmomente auf der Antriebs- bzw. Lastseite, bezogen auf die Kupplungswelle
$J_0, J_1, J_2 \ldots$	kgm^2	Trägheitsmomente der mit ω_0, ω_1, $\omega_2 \cdots$ umlaufenden Drehmassen
$\Delta K_a, \Delta K_r$	mm	zulässiger axialer bzw. radialer Versatz der Kupplungshälften
ΔK_w	rad, °	zulässiger winkliger Versatz der Kupplungshälften
M_w	Nm	winkliges Rückstellmoment
$m_1, m_2 \ldots$	kg	geradlinig bewegte Massen der Anlage
n	min^{-1}	Drehzahl
S_A, S_L	1	Stoßfaktor der Antriebs- bzw. Lastseite
S_f, S_t, S_z	1	Frequenzfaktor, Temperaturfaktor, Anlauffaktor
T_{AN}	Nm	Nenndrehmoment der Antriebsseite
T_{Ai}, T_{Li}	Nm	erregendes Drehmoment auf der Antriebs- bzw. Lastseite (periodischer Drehmomentausschlag i-ter Ordnung, z.B. bei Dieselmotoren)
T_{AS}, T_{LS}	Nm	Stoßdrehmoment der Antriebs- bzw. Lastseite
T_a	Nm	Beschleunigungsdrehmoment
T_{an}	Nm	Anlaufdrehmoment der Antriebsmaschine
T_K	Nm	Kupplungsdrehmoment
T'_K	Nm	fiktives Drehmoment zur Bestimmung der Kupplungsgröße
$T_{K\,max}$	Nm	von der Kupplung übertragbares Maximaldrehmoment
T_{KN}	Nm	Nenndrehmoment das dauernd übertragen werden kann und die Baugröße der Kupplung angibt
T_{KNs}	Nm	schaltbares Nenndrehmoment der Reibkupplung
T_{Ks}	Nm	erforderliches schaltbares Drehmoment der Reibkupplung
T_{KW}	Nm	zulässiges Dauerwechseldrehmoment der nachgiebigen Kupplung
T_{ki}	Nm	Kippdrehmoment (Stoßdrehmoment) bei Drehstrommotoren
T_L, T_{LN}	Nm	Drehmoment bzw. Nenndrehmoment der Lastseite
T_N	Nm	von der Kupplung zu übertragendes Nenndrehmoment
t_a	s	Beschleunigungszeit
t_R	s	Rutschzeit der Reibkupplung
V	1	Vergrößerungsfaktor
V_R	1	Resonanzfaktor
$v_1, v_2 \ldots$	m/s	Geschwindigkeiten geradlinig bewegter Massen
W, W_{zul}	Nm, J	Schaltarbeit bzw. zulässige Schaltarbeit bei einmaliger Schaltung
$W_h, W_{h\,zul}$	Nm/h, J/h	bei Dauerschaltung Schaltarbeit/Stunde bzw. zulässige Schaltarbeit/Stunde
$\Delta W_a, \Delta W_r$	mm	maximal auftretende axiale bzw. radiale Verlagerung der Wellen
ΔW_w	rad	maximal auftretende winklige Verlagerung der Wellen
z_h	1/h	Schaltzahl pro Stunde
α	s^{-2} (rad/s^2)	Winkelbeschleunigung
α	°	Ablenkungswinkel zwischen An- und Abtriebswelle bei Kreuzgelenken
φ_1, φ_2	°	Drehwinkel der An- und Abtriebswelle bei Kreuzgelenken
ω	s^{-1}	Betriebskreisfrequenz
ω_A	s^{-1}	Winkelgeschwindigkeit der Kupplungswelle auf der Antriebsseite
ω_{L0}	s^{-1}	Winkelgeschwindigkeit der Kupplungswelle auf der Abtriebs-(Last-)Seite vor dem Schalten
ω_e	s^{-1}	Eigenkreisfrequenz der Anlage

Kupplungen

Formelzeichen	Einheit	Benennung
ω_k	s^{-1}	kritische (Resonanz-)Kreisfrequenz bei Antrieben mit periodischer Drehmomentschwankung
ω_0	s^{-1}	Winkelgeschwindigkeit auf die alle Massen reduziert werden sollen (meist Kupplungswelle)
ω_1, ω_2	s^{-1}	Winkelgeschwindigkeit der Drehmassen J_1, J_2 ... bzw. der treibenden und getriebenen Welle oder zu Beginn und am Ende des Beschleunigungsvorganges

Nr.	Formel	Gl.-Nr.	Hinweise
1	Anlaufdrehmoment $T_{an} = T_L + T_a$	(13.2)	
2	Beschleunigungsdrehmoment $T_a = T_{an} - T_L = J \cdot \alpha = J \cdot \frac{\omega_2 - \omega_1}{t_a}$	(13.3)	
3	reduziertes Trägheitsmoment $J_{red} = J_0 + J_1 \left(\frac{\omega_1}{\omega_0}\right)^2 + J_2 \left(\frac{\omega_2}{\omega_0}\right)^2 + \ldots$ $+ m_1 \left(\frac{v_1}{\omega_0}\right)^2 + m_2 \left(\frac{v_2}{\omega_0}\right)^2 + \ldots$	(13.4)	J-Werte von Kupplungen und Motorläufern s. A13-1 bis A13-7 und A16-20
	13.2.4 Kupplungsdrehmoment (Anlage als Zweimassensystem)		
4	Kupplungsdrehmoment beim Anfahren ohne Last $T_K = \alpha \cdot J_L = \frac{J_L}{J_A + J_L} T_A$	(13.5)	
5	Kupplungsdrehmoment beim Anfahren mit Last $T_K = \alpha \cdot J_L + T_L = \frac{J_L}{J_A + J_L} (T_A - T_L) + T_L$ $= \frac{J_L}{J_A + J_L} T_A + \frac{J_A}{J_A + J_L} T_L$	(13.6)	
6	Kupplungsdrehmoment bei beidseitigem Stoß $T_{KS} = \frac{J_L}{J_A + J_L} T_{ki} \cdot S_A + \frac{J_A}{J_A + J_L} T_{LS} \cdot S_L$	(13.7)	$S_A = S_L = 1{,}8$
7	Eigenfrequenz der Anlage $\omega_e = \sqrt{C_{T\,dyn} \frac{J_A + J_L}{J_A \cdot J_L}}$	(13.8)	$C_{T\,dyn}$ nach Herstellerangaben bzw. A13-4 und A13-5
8	kritische Kreisfrequenz (Resonanz) $\omega_k = \frac{\omega_e}{i}$	(13.9)	Forderung: $\omega_k < \omega/\sqrt{2}$ $n_K = n_R = \frac{30\,\omega_k}{\pi}$

Nr.	Formel	Gl.-Nr.	Hinweise
9	Wechseldrehmoment $T_W = \pm T_{Ai} \cdot \frac{J_L}{J_A + J_L} \cdot V$	(13.10)	in Resonanznähe: $V_R \approx 2\pi/\psi$, außerhalb der Resonanz: $V \approx \frac{1}{\left\|\left(\frac{\omega}{\omega_k}\right)^2 - 1\right\|}$ V_R und ψ s. A13-4 und A13-5
	13.2.5 Auslegung nachgiebiger Kupplungen		
10	mit Hilfe von Betriebsfaktoren $T'_K = T_N \cdot c_B \leqslant T_{KN}$	(13.11)	$T_N = 9550 \frac{P}{n}$ — T: Nm, P: kW, n: min^{-1} c_B nach Herstellerangaben bzw. A3-5b T_{KN} nach Herstellerangaben bzw. A13-2 bis A13-5.
11	Belastung durch das Nenndrehmoment $T'_K = T_{LN} \cdot S_t \leqslant T_{KN}$	(13.12)	S_t nach Herstellerangaben bzw. A13-8b T_{KN} nach Herstellerangaben bzw. A13-2 bis A13-5
	Belastung durch Drehmomentstöße:		
12	– antriebsseitiger Stoß (z.B. Anfahren mit Drehstrommotor) $T'_K = \frac{J_L}{J_A + J_L} \cdot T_{AS} \cdot S_A \cdot S_z \cdot S_t \leqslant T_{K\,max}$	(13.13a)	$T_{AS} \mathrel{\hat{=}} T_{ki}$ bei Drehstrommotoren, s. A16-20 $T_{K\,max}$ nach Herstellerangaben bzw. A13-2 bis A13-5 $S_A = S_L = 1{,}8$ S_z, S_t nach Herstellerangaben bzw. A13-8a/b
13	– lastseitiger Stoß (z.B. Laständerungen und Bremsungen) $T'_K = \frac{J_A}{J_A + J_L} \cdot T_{LS} \cdot S_L \cdot S_z \cdot S_t \leqslant T_{K\,max}$	(13.13b)	
14	– beidseitiger Stoß $T'_K = \left(\frac{J_L}{J_A + J_L} \cdot T_{AS} \cdot S_A + \frac{J_A}{J_A + J_L} \cdot T_{LS} \cdot S_L\right) \cdot S_z \cdot S_t \leqslant T_{K\,max}$	(13.13c)	
	Belastung durch ein periodisches Wechseldrehmoment: – antriebsseitige Schwingungserregung (z.B. Antrieb durch Dieselmotor)		$T_{K\,max}$, $\pm T_{KW}$ nach Herstellerangaben bzw. A13-2 bis A13-5 V, V_R s. Nr. 9 S_z, S_t, S_f nach Herstellerangaben bzw. A13-8
15	$T'_K = \frac{J_L}{J_A + J_L} \cdot T_{Ai} \cdot V_R \cdot S_z \cdot S_t \leqslant T_{K\,max}$	(13.14a)	
16	$T'_K = \frac{J_L}{J_A + J_L} \cdot T_{Ai} \cdot V \cdot S_t \cdot S_f \leqslant T_{KW}$	(13.15a)	
	– lastseitige Schwingungserregung (z.B. durch Kolbenverdichter)		
17	$T'_K = \frac{J_A}{J_A + J_L} \cdot T_{Li} \cdot V_R \cdot S_z \cdot S_t \leqslant T_{K\,max}$	(13.14b)	
18	$T'_K = \frac{J_A}{J_A + J_L} \cdot T_{Li} \cdot V \cdot S_t \cdot S_f \leqslant T_{KW}$	(13.15b)	

Nr.	Formel	Gl.-Nr.	Hinweise
	Belastung durch Wellenverlagerungen:		
19	– axialer Versatz $\Delta K_a \geqslant \Delta W_a \cdot S_t$	(13.16a)	ΔK_a, ΔK_r, ΔK_w nach Herstellerangaben bzw. A13-2, A13-4 und A13-5 S_t, S_f nach Herstellerangaben bzw. A13-8b/c
20	– radialer Versatz $\Delta K_r \geqslant \Delta W_r \cdot S_t \cdot S_f$	(13.16b)	
21	– winkliger Versatz $\Delta K_w \geqslant \Delta W_w \cdot S_t \cdot S_f$	(13.16c)	
22	– axiale Rückstellkraft $F_a = \Delta W_a \cdot C_a$	(13.17a)	C_a, C_r, C_w nach Herstellerangaben bzw. A13-2 und A13-5
23	– radiale Rückstellkraft $F_r = \Delta W_r \cdot C_r$	(13.17b)	
24	– winkliges Rückstellmoment $M_w = \Delta W_w \cdot C_w$	(13.17c)	
	13.2.6 Auslegung schaltbarer Reibkupplungen		
25	erforderliches schaltbares Drehmoment $T_{Ks} = J_L \dfrac{\omega_A - \omega_{L0}}{t_R} + T_L \leqslant T_{KNs}$	(13.18)	T_{KNs} nach Herstellerangaben bzw. A13-6 und A13-7. Bei $T_L = 0$ und $\omega_{L0} = 0$ gilt: $T_{Ks} = J_L \cdot \omega_A / t_R$, $W = 0{,}5 \cdot T_{KNs} \cdot \omega_A \cdot t_R = 0{,}5 \cdot J_L \cdot \omega_A^2$ W_{zul}, $W_{h\,zul}$ nach Herstellerangaben bzw. A13-6 und A13-7. *Beachte:* Bei entgegengesetzter Drehrichtung der An- und Abtriebsseite gilt $(\omega_A + \omega_{L0})$.
26	Rutschzeit (Beschleunigungszeit) $t_R = \dfrac{J_L}{T_{KNs} - T_L} (\omega_A - \omega_{L0})$	(13.19)	
27	Schaltarbeit bei einmaliger Schaltung $W = 0{,}5 \cdot T_{KNs} (\omega_A - \omega_{L0}) \cdot t_R$ $= 0{,}5 \cdot J_L (\omega_A - \omega_{L0})^2 \cdot \dfrac{T_{KNs}}{T_{KNs} - T_L} < W_{zul}$	(13.20)	
28	Schaltarbeit bei Dauerschaltung $W_h = W \cdot z_h < W_{h\,zul}$	(13.21)	
	13.3.2 Kreuzgelenke		
29	Winkelgeschwindigkeit der getriebenen Welle $\omega_2 = \dfrac{\cos\alpha}{1 - \cos^2\varphi_1 \cdot \sin^2\alpha} \cdot \omega_1$	(13.22)	Grenzwerte: $\max \omega_2 = \omega_1 / \cos\alpha$ $\min \omega_2 = \omega_1 \cdot \cos\alpha$

14.2 Wälzlager

Formelzeichen	Einheit	Benennung
$a, a_{I,II}, a'_{I,II}$	mm	Abstandsmaß der Druckmittelpunkte, für Lager 1, 2, Mitte Lager 1, 2
a_1	1	Lebensdauerbeiwert für eine von 90 % abweichende Erlebenswahrscheinlichkeit
a_2	1	Lebensdauerbeiwert für Werkstoffeigenschaften
a_3	1	Lebensdauerbeiwert für Betriebsbedingungen
a_{23}	1	gemeinsamer (Lebensdauer-)Faktor für $a_2 \cdot a_3$ abhängig von ν/ν_1
B	mm	Lagerbreite; Innenringbreite bei Kegelrollenlagern
$C (C_{1,2})$	kN, N; mm	dynamische Tragzahl (für Lager 1, 2); Außenringbreite bei Kegelrollenlagern
C_0	kN, N	statische Tragzahl
C_T	kN, N	reduzierte Tragzahl bei höherer Betriebstemperatur
D	mm	Lager-Außendurchmesser
d	mm	Nenndurchmesser der Lagerbohrung gleich Wellendurchmesser
$d_m = 0{,}5\,(d + D)$	mm	mittlerer Durchmesser
$e (e_{1,2})$	1	Grenzwert für F_a/F_r zur Auswahl von X und Y (für Lager 1,2)
e_0	1	Konstante abhängig von d zur Bestimmung von f_v
$F_r, F_{ro} (F_{r\,1,2}, F_{ro\,1,2})$	kN, N	Radialkomponente der äußeren Lagerkraft, statische radiale Lagerkraft (für die Lager 1,2)
$F_a, F_{a0}, (F_{a\,1,2})$	kN, N	Axialkomponente der äußeren Lagerkraft, statische axiale Lagerkraft (für die Lager 1,2)
$F_1 \ldots F_n$	kN, N	konstante F_r oder F_a während bestimmter $q_1 \ldots q_n$
F_i	kN, N	ideelle Lagerbeanspruchung
F_{min}, F_{max}	kN, N	kleinste, größte rein radiale oder rein axiale Lagerkraft
$f_L (f_{L\,1,2})$	1	Kennzahl der dynamischen Beanspruchung, Lebensdauerfaktor (für Lager 1,2)
f_n	1	Drehzahlfaktor
f_s	1	statische Kennzahl, Tragsicherheit
f_T	1	Temperaturfaktor für Lagertemperaturen über 150 °C
$f_V = V/e_0$	1	Verschleißfaktor
L_{10}	10^6 Umdrehungen	nominelle Lebensdauer
$L_{10\,h}$	Betriebsstunden	Ermüdungslaufzeit, nominelle Lebensdauer
L_{na}	10^6 Umdrehungen	modifizierte Lebensdauer für Lebensdauerwahrscheinlichkeit von $(100 - n)$ %
L_{nah}	Betriebsstunden	modifizierte Lebensdauer
L_v	Betriebsstunden	Verschleißlaufzeit abhängig von f_v
n, n_m, n_g	min^{-1}	Wellendrehzahl, mittlere, Grenzdrehzahl (aus Katalog)
$P, P_0 (P_{1,2})$	kN, N	dynamische, statische äquivalente Lagerbeanspruchung (für Lager 1,2)
p	1	Lebensdauerexponent (Exponent der Lebensdauergleichung)
$q_1 \ldots q_n$	%	Wirkdauer für die Lagerkräfte $F_1 \ldots F_n$
T	mm	Gesamtbreite bei Kegelrollenlagern
V	μm	gesamter Verschleiß durch Radialspielvergrößerung
X_1, X_0	1	dynamischer, statischer Radialfaktor für P_1-P_0-Ermittlung
$Y, Y_0 (Y_{1,2})$	1	dynamischer, statischer Axialfaktor für P-, P_0-Ermittlung (für Lager 1,2)
ϑ	°C	Betriebstemperatur des Öles
ν	mm^2/s	kinematische Betriebsviskosität bei ϑ °C für Ölschmierung
ν_1	mm^2/s	Bezugsviskosität, für ausreichende Ölschmierung erforderlich bei d_m

<table>
<tr><th>Nr.</th><th>Formel</th><th>Gl.-Nr.</th><th>Hinweise</th></tr>
<tr><td>1</td><td>nominelle Lebensdauer
$L_{10} = \left(\frac{C}{P}\right)^p$ bzw. $L_{10\,h} = \frac{10^6 \cdot L_{10}}{60 \cdot n}$</td><td>(14.1)</td><td>Kugellager $p = 3$, Rollenlager $p = 10/3$
C aus A14-2, $d, D, B\,(T)$ aus A14-1 oder Katalog, Anschlußmaße nach DIN 5418 aus A14-9 oder Katalog, P nach Nr. 4;
reduzierte Tragzahl $C_T = f_T \cdot C$ mit
$f_T = 0{,}9$ bei 200 °C
$= 0{,}75$ bei 250 °C
$= 0{,}6$ bei 300 °C bzw. allgemein
$f_T \approx 1{,}42 - 0{,}0027 \cdot \vartheta$ für $150\,°C < \vartheta \leqslant 300\,°C$</td></tr>
<tr><td>2</td><td>Kennzahl der dynamischen Beanspruchung, Lebensdauerfaktor
$f_L = \frac{C}{P} \cdot f_n$</td><td>(14.2)</td><td>$C, P$ wie Nr. 1
f_n aus A14-4, f_L aus A14-5 oder Katalog
Richtwerte für $L_{10\,h}$ s. A14-6
$L_{10\,h}$-Rundung $\leqslant$ 1000 h auf volle 10, $\leqslant$ 10 000 h auf volle 100, $>$ 10 000 h auf volle 1000</td></tr>
<tr><td>3</td><td>modifizierte Lebensdauer
$L_{na} = a_1 \cdot a_{23} \cdot L_{10}$ bzw. $L_{nah} = a_1 \cdot a_{23} \cdot L_{10\,h}$</td><td>(14.3)</td><td>$a_1 = a_{23} = 1$ für L_{10}
Erlebenswahrscheinlichkeit:
<table>
<tr><td>90 %
L_{10}</td><td>95 %
$L_{5\,a}$</td><td>96 %
$L_{4\,a}$</td><td>97 %
$L_{3\,a}$</td><td>98 %
$L_{2\,a}$</td><td>99 %
L_{1a}</td></tr>
<tr><td>$a_1 = 1$</td><td>0,62</td><td>0,53</td><td>0,44</td><td>0,33</td><td>0,21</td></tr>
</table>
a_{23} aus A14-13 oder Katalog mit A14-11 für ν_1 und mit A14-12 bzw. A14-16 für ν bei $\vartheta°$</td></tr>
<tr><td>4</td><td>äquivalente Lagerbeanspruchung
dynamisch: $P = X \cdot F_r + Y \cdot F_a$
statisch: $P_0 = X_0 \cdot F_{r0} + Y_0 \cdot F_{a0}$</td><td>(14.4)
(14.10)</td><td>X, X_0, Y, Y_0 aus A14-3 bzw. für Pendelkugel-, Kegelrollen- und Pendelrollenlager aus A14-2 oder Katalog
rein radial beansprucht $P = F_r$ bzw. $P_0 = F_{r0}$
rein axial beansprucht $P = F_a$ bzw. $P_0 = F_{a0}$;
bei Schrägkugel- und Kegelrollenlagern einsetzen (s. Buch, Bild 14-19):
für Lager 1: $F_{a1} = F_a + 0{,}5 \cdot F_{r2}/Y_2$, wenn $F_{r1}/Y_1 \leqslant F_{r2}/Y_2$ oder $F_{r1}/Y_1 > F_{r2}/Y_2$ bei $F_a \geqslant 0{,}5\,(F_{r1}/Y_1 - F_{r2}/Y_2)$
für Lager 2:
$F_{a2} = 0{,}5 \cdot F_{r1}/Y_1 - F_a$, wenn $F_{r1}/Y_1 > F_{r2}/Y_2$ bei $F_a \leqslant 0{,}5\,(F_{r1}/Y_1 - F_{r2}/Y_2)$</td></tr>
<tr><td>5</td><td>ideelle Lagerbeanspruchung n = const., F linear periodisch schwankend
$F_i = \frac{F_{min} + 2 \cdot F_{max}}{3}$
verschieden F_n und n_1 für bestimmte q_n
$F_i = \left(F_1^p \cdot \frac{n_1}{n_m} \cdot \frac{q_1}{100} + \ldots F_n^p \cdot \frac{n_n}{n_m} \cdot \frac{q_n}{100}\right)^{1/p}$
F_r oder F_a konstant bei mittlerer Drehzahl
$n_m = n_1 \cdot \frac{q_1}{100} + \ldots n_n \cdot \frac{q_n}{100}$</td><td>(14.6)
(14.7)
(14.8)</td><td>normalerweise mit maximaler Beanspruchung rechnen!
$P \mathrel{\hat{=}} F_i$, wenn reine F_r bzw. reine F_a wirken; F_{ir} und F_{ia} einzeln ermitteln, wenn F_r und F_a gleichzeitig wirken, dann P nach Nr. 4; f_n für n_m, wenn $L_{10\,h}$ aus f_L nach Nr. 2 für $P \mathrel{\hat{=}} F_i$ ermittelt; p siehe Nr. 1 Hinweis.
$q_n = \frac{t_n}{t} \cdot 100$ in %, wenn gesamte Laufzeit $t = t_1 + t_2 + t_3 + \ldots t_n$.</td></tr>
</table>

Nr.	Formel	Gl.-Nr.	Hinweise
6	statische Kennzahl $f_s = \frac{C_0}{P_0}$ erforderliche Tragzahl $C_0 = P_0 \cdot f_s$	(14.9) (14.12)	C_0 aus A14-2 oder Katalog P_0 nach Nr. 4 $f_s \geqslant 2$ bei hohen Anforderungen (Stöße) $= 1$ bei normalem Betrieb $= 0{,}5 \ldots 0{,}8$ bei geringen Ansprüchen
7	Gebrauchsdauer (Gd.) bzw. Verschleißlaufzeit $L_v < L_{10\,h} \rightarrow Gd.\ L_v$ $L_v > L_{10\,h} \rightarrow Gd.\ L_{10\,h}$	–	Mit empfohlenem f_v nach A14-6 für Felder a–k in A14-7 Abschätzung von L_v

14.3 Gleitlager

Radial- und Axialgleitlager

Formelzeichen	Einheit	Benennung
A	m^2	Gleitfläche
A_G	m^2	wärmeabgebende Oberfläche des Lagergehäuses
A_{Lu}, A_{Lo}	µm, mm	unteres, oberes Abmaß der Lagerbohrung
A_{Wu}, A_{Wo}	µm, mm	unteres, oberes Abmaß der Welle
b	mm	tragende Lagerbreite; radiale Lagerring- bzw. Segmentbreite für Axiallager
b_L	mm (m)	Lagerbreite (Gehäusebreite)
b_{Nut}	mm	Breite einer Nut über 180° am Umfang (Ringnut bzw. 360°-Nut, 180°-Nut)
b_T	mm	Breite der Schmiertasche
$C_ü$	1	Übergangskonstante für den Übergang von Misch- in Flüssigkeitsreibung
c	J/(kg °C), Nm/(kg °C)	spezifische Wärmekapazität des Schmierstoffs
d	m	Außendurchmesser der wärmeabgebenden äußeren Oberfläche für zylindrische Lager (Gehäuseaußendurchmesser)
d_0	mm	Schmierloch-Durchmesser (Zuführbohrung)
$d_a = 2 \cdot r_a, d_i = 2 r_i$	mm	Außen-, Innendurchmesser (dsgl. Radien) für Axiallager
d_L	mm	Lager(innen)durchmesser (Nennmaß der Lagerbohrung)
$d_m = 0{,}5\,(d_a + d_i)$	mm	mittlerer Durchmesser bei Axiallagern
d_w	mm	Wellendurchmesser (Nennmaß)
E	N/mm^2	Elastizitätsmodul
$e = 0{,}5 \cdot s - h_0$	mm	Exzentrizität (Verlagerung der Wellenachse gegenüber der Lagerachse bei Radiallagern)
F	N	Lagerkraft (radial, axial)
$F_R = F_t$	N	Reibungskraft gleich Verschiebekraft im Schmierfilm
H	m	Stehlagerhöhe
h	m, mm	Schmierspalthöhe (örtlich)
h_0	µm, mm	kleinste Schmierspalthöhe (Schmierfilmdicke)
$h_{0\,zul}$	µm	Grenzrichtwert für h_0, kleinste zulässige Schmierspalthöhe
h_{seg}	mm	Segmentdicke für Axiallager
k_1	1	Belastungskennzahl für Axiallager (Spurlager)
k_2	1	Reibungskennzahl für Axiallager (Spurlager)
L	m	Stehlagerbreite (Gehäuselänge)
l	mm	wirksame Keilspalt- bzw. Segmentlänge

Formelzeichen	Einheit	Benennung
l_R	mm	Länge der Rastfläche für eingearbeitete Keilflächen bei Axiallagern
l_t	mm	Keilspalt- bzw. Segmentteilung
n, n_W	s^{-1}, min^{-1}	Drehzahl, der Welle
$n_ü, n'_ü$	min^{-1}	Übergangsdrehzahl beim Anlauf, Auslauf von Misch- in Flüssigkeitsreibung
P_α	Nm/s, W	über Lagergehäuse und Welle durch Konvektion abgeführter Wärmestrom
P_c	Nm/s, W	vom Schmierstoff abgeführter Wärmestrom
P_P	Nm/s, W	Pumpenleistung
P_R	Nm/s, W, Nmm/s	Reibungsverlustleistung, durch Reibung entstehender Wärmestrom im vollgeschmierten Lager
$p\,(p_\infty)$	N/mm^2, bar	örtlicher Schmierfilmdruck im begrenzten (unbegrenztem) Gleitraum
p_L	N/mm^2, N/cm^2, N/m^2 = Pa	spezifische Lagerbelastung, mittlere Flächenpressung
$p_{L\,zul}$	N/mm^2, MPa, N/m^2	Grenzrichtwert für p_L (zulässige p_L)
p_{max}	N/mm^2, bar	größter auftretender Schmierfilmdruck, Druckmaximum
$p_T \approx p_Z$	N/mm^2, N/cm^2, bar	Taschendruck ≈ Zuführdruck bei Spurlagern
p_V	N/cm^2, bar	Druckverlust
q_L, q_T	1	Minderungsfaktor bei Druckölzufuhr für Schmierloch, Schmiertasche
R_a	µm	Mittenrauhwert
R_{zL}, R_{zW}	µm	gemittelte Rauhtiefe für Lager, Welle
So	1	Sommerfeldzahl
$s = d_L - d_W$ $= 0{,}5\,(s_{max} + s_{min})$	µm, mm	Lagerspiel, mittleres
$\Delta s, \Delta s_{max}, \Delta s_{min}$	mm	Lagerspieländerung, größte, kleinste
$s_B, s_{B\,max}, s_{B\,min}$	mm	Betriebslagerspiel, größtes, kleinstes
$s_E, s_{E\,max}, s_{E\,min}$	mm	Einbau-Lagerspiel, Fertigungsspiel, Kaltspiel
T_R	Ncm	Reibungsmoment bei Spurlagern
t	mm	Schmierkeiltiefe
u, u_W	m/s	Umfangsgeschwindigkeit, der Welle
$u_m = d_m \cdot \pi \cdot n_W$	m/s	mittlere Umfangsgeschwindigkeit bei Axiallagern
$\dot{V}, \dot{V}_{ges}$	mm^3/s, cm^3/s, dm^3/min, m^3/s	gesamter Schmierstoffdurchsatz, Schmierstoffvolumenstrom
$\dot{V}_D$	mm^3/s, dm^3/min, m^3/s	Schmierstoffdurchsatz infolge Förderung durch Wellendrehung (Eigendruckentwicklung)
$\dot{V}_{D\,rel}$	1	relativer (bezogener) Schmierstoffdurchsatz infolge Förderung durch Wellendrehung
V_L	dm^3	Lagervolumen
$\dot{V}_{pZ}$	mm^3/s, dm^3/min, m^3/s	Schmierstoffdurchsatz infolge Zuführdrucks
$\dot{V}_{pZ\,rel}$	1	relativer (bezogener) Schmierstoffdurchsatz infolge Zuführdrucks
v	m/s	Strömungsgeschwindigkeit des Schmierstoffs
W_t	µm	Welligkeit der Oberfläche von Welle und Lagerschale
w	m/s	mittlere Strömungsgeschwindigkeit der das Lagergehäuse umgebenden Luft, Luftgeschwindigkeit
z	1	Anzahl der Keilflächen bzw. Segmente der Axiallagern
α	$Nm/(m^2 \cdot s \cdot °C)$, $W/(m^2 \cdot °C)$	effektive Wärmeübergangszahl zwischen Lagergehäuse und Umgebungsluft
α_K	°	Keilneigungswinkel
α_L, α_W	1/°C, 1/K	Längenausdehnungskoeffizient bezogen auf d_L, auf d_W
β	°	Verlagerungswinkel (Winkellage von h_0 in bezug auf F-Richtung)
$\epsilon = e/0{,}5 \cdot s$	1	relative Exzentrizität
$\eta = \rho \cdot \nu\ (\eta_{50})$	mPa · s, Pa · s, Ns/mm^2	dynamische Viskosität des Schmierstoffs (bei 50 °C)

Formelzeichen	Einheit	Benennung
η_{eff}	Ns/cm^2, Ns/m^2	effektive dynamische Viskosität bei ϑ_{eff}
η_P	1	Pumpenwirkungsgrad
ϑ_0	°C	Richttemperatur für ϑ_{eff} (Annahme)
ϑ_{eff}	°C	der η_{eff} zugrundeliegende Temperatur, effektive Schmierfilmtemperatur
ϑ_e, ϑ_a	°C	Eintritts-, Austrittstemperatur des Schmierstoffs
$\Delta\vartheta = \vartheta_a - \vartheta_e$	°C	Schmierstofferwärmung
ϑ_L	°C	Lagertemperatur
$\vartheta_{L\,zul}$	°C	Grenzrichtwert für die Lagertemperatur (maximal zulässige Lagertemperatur)
ϑ_m	°C	mittlere Lagertemperatur
ϑ_U	°C	Temperatur der Umgebungsluft
μ bzw. μ/ψ_B	1	Reibungszahl bzw. Reibungskennzahl (relative oder bezogene Reibungszahl)
$\nu = \eta/\rho$ (ν_{40} bzw. ν_{50})	mm^2/s, m^2/s	kinematische Viskosität des Schmierstoffs (bei ϑ_{eff} = 40 °C bzw. 50°C)
ρ (ρ_{50})	kg/m^3	Dichte des Schmierstoffs (bei 50 °C)
$\rho \cdot c$	$N/(m^2 \cdot °C)$, $N/(mm^2 \cdot °C)$	raumspezifische Wärme
$\psi = s/d_L$	‰, 10^{-3}	relatives Lagerspiel
ψ_B	‰, 10^{-3}	mittleres relatives Betriebslagerspiel bei ϑ_{eff}
ω, ω_{eff}	1/s	Winkelgeschwindigkeit, effektive für n_w

Nr.	Formel	Gl.-Nr.	Hinweise
	14.3.4 Berechnung der Radiallager im stationären Betrieb		
8	spezifische Lagerbelastung (mittlere Flächenpressung) $p_L = \frac{F}{b \cdot d_L} \leqslant p_{L\,zul}$	(14.23)	nach Lehrbuch 14.3.2–2; $p_{L\,zul}$ aus A14-18; $\frac{b}{d_L} = 0{,}2 \ldots 1\,(1{,}5)$
9	mittleres relatives Einbau- bzw. Betriebslagerspiel für Passung $\psi_E = \frac{s_{E\,max} + s_{E\,min}}{2\,d_L}$ bzw. $\psi_B = \frac{s_{B\,max} + s_{B\,min}}{2\,d_L}$	–	s. Lehrbuch 14.3.4–1a unter „Beachte" für $s_{E\,max}$, $s_{E\,min}$ bzw. $s_{B\,max}$, $s_{B\,min}$. $\psi_B = \psi_E + \Delta\psi$ mit $\Delta\psi = (\alpha_L - \alpha_W) \cdot 10^{-6} \cdot (\vartheta_{eff} - 20\,°C)$; α_L aus A14-18b; $\alpha_W = 11 \cdot 10^{-6}$ 1/°C (s. A12-5b) für St-Welle
	Richtwert bei fehlenden Toleranzen ψ_E bzw. $\psi_B \approx 0{,}8 \cdot \sqrt[4]{u_w} \cdot 10^{-3}$	(14.25)	$u_w = d_w \cdot \pi \cdot n_w$ in m/s mit n_w in s^{-1}; Richtwerte nach A14-19 (s. Lehrbuch 14.3.4–1a unter Gl.), Passungen s. A14-20, A14-21 für ψ_E; allg. ψ_B = 0,5 ... 3 ‰; 1. Näherung $\psi_B = 1 \cdot 10^{-3}$
10	kleinste Schmierspalthöhe $h_0 = 0{,}5 \cdot d_L \cdot \psi_B \cdot (1-\epsilon) \cdot 10^3 > h_{0\,zul}$	(14.27)	$\epsilon = f(So,\, b/d_L)$ aus A14-22, s. Nr. 11; $h_{0\,zul}$ aus A14-25;
	Verlagerungswinkel $\beta°$	–	$\beta° = f(\epsilon,\, b/d_L)$ angenähert aus A14-24
	Übergangsdrehzahl (beim Auslauf) $n'_ü \approx \frac{0{,}1 \cdot F}{C_ü \cdot \eta_{eff} \cdot V_L}$	–	Einheiten: F in N, η_{eff} in mPa · s, V_L in dm^3, $n'_ü$ in min^{-1} (s. Lehrbuch 14.3.2–2 „Merke" zu Bild 14-62); η_{eff} bei ϑ_{eff} aus A14-16, vgl. A14-17a; Für übliche Fertigungsgüte überschlägig $C_ü = 1$, empfohlen: $n/n'_ü \geqslant 3$ für $u \leqslant 3$ m/s, $n/n'_ü \geqslant u$ als Zahlenwert für $u > 3$ m/s

Nr.	Formel	Gl.-Nr.	Hinweise
11	Sommerfeldzahl $So = \frac{p_L \cdot \psi_B^2}{\eta_{eff} \cdot \omega_{eff}} = \frac{F \cdot \psi_B^2}{b \cdot d_L \cdot \eta_{eff} \cdot \omega_{eff}}$	(14.28)	$So \geqslant 1$ ($\epsilon = 0{,}6 \ldots 0{,}95$) störungsfreier Betrieb $So > 10$ ($\epsilon = 0{,}95 \ldots 1$) Verschleißerscheinungen möglich $So < 1$ ($\epsilon < 0{,}6$) Instabilität nicht ausgeschlossen $\omega_{eff} = 2\pi \cdot n_w$ in s^{-1} mit n_w in s^{-1} $= \pi \cdot n_w/30$ in s^{-1} mit n_w in min^{-1} η_{eff} s. Nr. 10 Hinweise, p_L nach Nr. 8, ψ_B s. Nr. 9 Hinweise
12	Reibungsverlustleistung $P_R = \mu \cdot F \cdot u_w = \mu \cdot F \cdot \frac{d_w}{2} \cdot \omega_{eff}$ $= (\mu/\psi_B) \cdot F \cdot d_w \cdot \pi \cdot n_w \cdot \psi_B$	(14.29)	$u_w = 0{,}5 \cdot d_w \cdot \omega_{eff}$ in m/s, s. auch Nr. 9 für 360°-Lager: $\frac{\mu}{\psi_B} = \frac{\pi}{So \cdot \sqrt{1-\epsilon^2}} + \frac{\epsilon}{2} \cdot \sin\beta$ mit $\beta°$ nach Nr. 10 Hinweise oder angenähert $\mu/\psi_B = f(\epsilon, b/d_L)$ bzw. $f(So, b/d_L)$ aus A14-23
13	Lagertemperatur a) natürliche Kühlung (Luftkühlung, Eigenschmierung) $\vartheta_L \mathrel{\hat=} \vartheta_m = \vartheta_U + \frac{P_R}{\alpha \cdot A_G} \leqslant \vartheta_{L\,zul}$	(14.33)	Berechnungsschema für a) und b) s. A14-28 a) üblich: $\vartheta_U = 20\ °C$ ($-20\ °C \ldots 40\ °C$) $\vartheta_o \mathrel{\hat=} \vartheta_{eff} = \vartheta_U + \Delta\vartheta = 40\ °C \ldots 120\ °C$ für η_{eff} aus A14-16 Interpolation solange bis $\vartheta_{o\,neu} = 0{,}5$ $\vartheta_{o\,neu} = 0{,}5\,(\vartheta_{o\,alt} - \vartheta_m)$ dem absoluten Wert $\lvert \vartheta_m - \vartheta_o \rvert \leqslant 2\ °C$ entspricht d.h. $\vartheta_L \approx \vartheta_{eff}$; $\vartheta_{L\,zul}$ s. A14-26
	b) Rückkühlung des Schmierstoffs (Ölkühlung, Druckumlaufschmierung) $\vartheta_L \mathrel{\hat=} \vartheta_a = \vartheta_e + \frac{P_R}{\dot V \cdot \rho \cdot c} \leqslant \vartheta_{L\,zul}$	(14.34)	b) üblich: $\Delta\vartheta = 20\ °C$ $\vartheta_o \mathrel{\hat=} \vartheta_{a0} = \vartheta_e + \Delta\vartheta$, je nach Lagerbauart $\vartheta_e = 30° \ldots 90\ °C$, $\vartheta_a \leqslant 120\ °C$ $\vartheta_{eff} = 0{,}5\,(\vartheta_e + \vartheta_{a0})$ für η_{eff} nach A14-16; bei Abweichung ϑ_o von ϑ_a Interpolation mit $\vartheta_{a0\,neu} = 0{,}5\,(\vartheta_{a0\,alt} + \vartheta_a)$ und $\vartheta_{eff} = 0{,}5\,(\vartheta_e + \vartheta_{a0\,neu})$ bis absolut $\lvert \vartheta_{a0} - \vartheta_a \rvert \leqslant 2\ °C$ $\dot V$ nach Nr. 14; P_R nach Nr. 12 in Nmm/s $\rho \cdot c = 1{,}8\ N/(mm^2 \cdot °C)$; $\vartheta_{L\,zul}$ s. A14-26
14	Schmierstoffdurchsatz infolge a) Eigendruckentwicklung $\dot V_D = \dot V_{D\,rel} \cdot d_L^3 \cdot \psi_B \cdot \omega_{eff}$	(14.35)	a) Vollumschließendes (360°-)Lager $\dot V_{D\,rel} = 0{,}25\,[(b/d_L) - 0{,}223\,(b/d_L)^3] \cdot \epsilon$ halbumschließendes (180°-)Lager $\dot V_{D\,rel}$ aus A14-27a Nut über 180° s. Lehrbuch 14.3.4–4 „Beachte“
	b) Zuführdrucks $\dot V_{pZ} = \dot V_{pZ\,rel} \cdot d_L^3 \cdot p_Z/\eta_{eff}$	(14.36)	b) $\dot V_{pZ\,rel}$-Werte rechnerisch nach A14-27b je nach Schmierlöcher- bzw. Schmiertaschen-Lage
15	gesamter Schmierstoffdurchsatz $\dot V = \dot V_D + \dot V_{pZ}$	(14.37)	zu Nr. 13b mit Nr. 14
	14.3.5 Axial-Gleitlager		
	1. Spurlager mit ebenen Spurplatten (hydrostatische Axiallager)		
16	mittlere Flächenpressung $p_L = \frac{F}{\pi(r_a^2 - r_i^2)} = \frac{F}{d_m \cdot \pi \cdot b} \leqslant p_{L\,zul}$	(14.38)	$d_a = 2r_a$, $d_i = 2r_i$; $d_m = 0{,}5 \cdot (d_a + d_i) = r_a + r_i$, $b = 0{,}5 \cdot (d_a - d_i) = r_a - r_i$ $p_{L\,zul}$ nach A9-2 bzw. Herstellerangabe

Nr.	Formel	Gl.-Nr.	Hinweise
17	kleinste zulässige Schmierspalthöhe $h_{0\,zul} \approx (5 \ldots 15) \cdot (1 + 0{,}0025 \cdot d_m) < h_0$	(14.39)	d_m in mm einsetzen, wenn $h_{0\,zul}$ in μm; Faktor 5 bei bester Herstellung und sorgfältigster Montage, i.M. Faktor 10
18	Schmierstoffvolumenstrom $\dot{V} = \dfrac{\pi \cdot h_0^3 \cdot p_T}{6 \cdot \eta_{eff} \cdot \ln r_a/r_i}$	(14.40)	$\dot{V}$ in cm³/s, wenn h_0, r_a, r_i in cm, $p_T \approx p_Z$ in N/cm², wenn 1 bar = 10 N/cm² η_{eff} in Ns/cm², wenn 1 mPa · s = $1 \cdot 10^{-7}$ Ns/cm²
19	Tragfähigkeit $F = \dfrac{\pi}{2} \cdot \dfrac{r_a^2 - r_i^2}{\ln r_a/r_i} \cdot p_T = \dfrac{3 \cdot \dot{V} \cdot \eta_{eff}}{h_0^3} (r_a^2 - r_i^2)$	(14.41)	wie Nr. 18
20	Reibungsleistung $P_R = T_R \cdot \omega_{eff} = \dfrac{\pi}{2} \cdot \dfrac{\eta_{eff} \cdot \omega_{eff}^2}{h_0} \cdot (r_a^4 - r_i^4)$	(14.42)	$\omega_{eff} = \pi \cdot n_w/30$ in s⁻¹, wenn n_w in min⁻¹ sonst wie Nr. 18 1 Ncm/s = 10^{-2} Nm/s bzw. W
21	Schmierstofferwärmung $\Delta\vartheta = \vartheta_a - \vartheta_e = \dfrac{P_R + P_P}{c \cdot \rho \cdot \dot{V}}$	(14.43)	$P_P = \dfrac{\dot{V} \cdot p_Z}{\eta_p}$ in Nm/s bzw. W, wenn Rundwert $p_Z = p_T + p_V$ und $\eta_p = 0{,}5 \ldots 0{,}95$ je nach Bauart c, ρ s. A14-17c $\Delta\vartheta \leqslant 20$ °C, andernfalls zusätzliche Kühlung
22	Reibungszahl $\mu = \dfrac{4 (P_R + P_P)}{F \cdot \omega_{eff} (d_a + d_i)}$	(14.44)	s. Hinweise zu Nr. 18 bis 21
	2. Einscheiben- und Segment-Spurlager (hydrodynamische Axiallager)		
23	Belastungskennzahl $k_1 = \dfrac{p_L \cdot h_0^2}{\eta_{eff} \cdot u_m \cdot b}$	(14.45)	p_L in N/m², üblich $10 \ldots 40 \cdot 10^5$ N/m² bei Sn, Pb-Legierungen h_0 in m, $b = 0{,}5 (d_a - d_i)$ in m, η_{eff} in Ns/m² bei $\vartheta_{eff} = 50 \ldots 60$ °C $u_m = d_m \cdot \pi \cdot n_w$ in m/s mit n_w in s⁻¹ günstige k_1-Werte, wenn $h_0/t = 0{,}5 \ldots 1{,}2$, $l/b = 0{,}7 \ldots 0{,}8$, s. A14-34.
24	Reibungskennzahl $k_2 = \mu \sqrt{\dfrac{p_L \cdot b}{\eta_{eff} \cdot u_m}}$	(14.46)	günstige Werte für $l/b = 0{,}7 \ldots 1{,}3$, $h_0/t = 0{,}2 \ldots 1$; vgl. Nr. 23 s. A14-34.
25	Reibungszahl $\mu \approx 3 \sqrt{\dfrac{\eta_{eff} \cdot u_m}{p_L \cdot b}}$	(14.47)	mit $k_2 \approx 3$ nach Nr. 24
26	mittlerer Lagerdurchmesser $d_m = 1{,}25 \cdot l \cdot z/\pi$	(14.48)	z = 4, 5, 6, 8, 10, 12 (16) Keilflächen bzw. Segmente; Spalt- bzw. Segmentlänge $l = \sqrt{F/(p_L \cdot z) \cdot (l/b)}$ in mm, Teilung $l_t = 1{,}25 \cdot l$ Rastflächen $- l_R = 0{,}25 \cdot l$, s. Lehrbuch Bild 14-73b, c

Nr.	Formel	Gl.-Nr.	Hinweise
27	mittlere Flächenpressung $p_L = \frac{F}{z \cdot l \cdot b} = \frac{1{,}25 \cdot F}{\pi \cdot d_m \cdot b} = \frac{0{,}4 \cdot F}{d_m \cdot b} < p_{L\,zul}$	(14.49)	$p_{L\,zul}$ nach Nr. 23 höhere Werte für Teillast bzw. gehärtete Wellen und niedrige u_m; niedrige Werte für Vollast, An- und Auslauf bzw. ungehärtete Wellen und hohe u_m
28	kleinste Schmierspalthöhe $h_0 = \sqrt{\frac{k_1 \cdot z \cdot l \cdot b^2 \cdot u_m \cdot \eta_{eff}}{F}} > h_{0\,zul}$	(14.50)	$h_{0\,zul}$ nach Nr. 17
29	Reibungsverlustleistung $P_R = \mu \cdot F \cdot u_m = k_2 \cdot \sqrt{\eta_{eff} \cdot u_m^3 \cdot z \cdot l \cdot F}$	(14.51)	s. Nr. 24 und Nr. 26 Hinweise
30	gesamter erforderlicher Schmierstoffvolumenstrom $\dot{V}_{ges} = 0{,}7 \cdot b \cdot h_0 \cdot u_m \cdot z$	(14.52)	s. Nr. 23, Nr. 26 und Nr. 28 Hinweise
31	Erwärmung des Schmierstoffs $\Delta\vartheta = \vartheta_a - \vartheta_e = \frac{P_R}{\dot{V}_{ges} \cdot \rho \cdot c}$ $= \frac{k_2}{0{,}7 \cdot \sqrt{k_1}} \cdot \frac{F}{z \cdot \rho \cdot c \cdot b^2} \leq 20\,°C$	(14.53)	ρ, c s. A14-17c

15 Zahnräder und Zahnradgetriebe

Gerad- und Schrägstirnräder, Stirnradgetriebe (Außenradpaare)

Formelzeichen	Einheit	Benennung
A_a, A_{ae} bzw. A_{ai}	µm	Achsabstandsabmaß, oberes bzw. unteres
A_{sne}, A_{sni} bzw. A_{ste}, A_{sti}	µm	oberes, unteres Abmaß der Zahndicke im Normalschnitt bzw. im Stirnschnitt
a bzw. a_d	mm	Achsabstand bzw. Null-Achsabstand
b, b_1 bzw. b_2, b_B	mm	Zahnbreite, des treibenden bzw. getriebenen Rades, einer Pfeilhälfte
C		Wälzpunkt
c	mm	Kopfspiel
D	mm	Nabendurchmesser
d, d_1 bzw. d_2	mm	Teilkreisdurchmesser, des treibenden bzw. getriebenen Rades
d_a, d_{a1} bzw. d_{a2}	mm	Kopfkreisdurchmesser, des treibenden bzw. getriebenen Rades
d_b, d_{b1} bzw. d_{b2}	mm	Grundkreisdurchmesser, des treibenden bzw. getriebenen Rades
d_f, d_{f1} bzw. d_{f2}	mm	Fußkreisdurchmesser, des treibenden bzw. getriebenen Rades
d_{sh}	mm	Wellendurchmesser des Ritzels
d_{sp}	mm	Durchmesser, an dem der Zahn spitz wird
d_w, d_{w1} bzw. d_{w2}	mm	Wälzkreisdurchmesser, des treibenden bzw. getriebenen Rades
d_y	mm	Y-Kreisdurchmesser (beliebiger Durchmesser)
E	N/mm^2	Elastizitätsmodul
e, e_b, e_y, e_w	mm	Lückenweite auf Teilzylinder, Grundlückenweite, am Y-Zylinder (beliebiger Durchmesser), am Wälzkreis
F_a, F_{a1} bzw. F_{a2}	N	Axialkraft, des treibenden bzw. getriebenen Rades (für Lagerkräfte)
F_{bn}, F_{bn1} bzw. F_{bn2}	N	Zahnkraft, Zahnnormalkraft, des treibenden bzw. getriebenen Rades
$F_m = F_t \cdot K_A \cdot K_v$	N	maßgebende mittlere Umfangskraft am Teilkreis (für $K_{H\beta}$)
F_r, F_{r1} bzw. F_{r2}	N	Radialkraft, des treibenden bzw. getriebenen Rades (für Lagerkräfte)
F_t, F_{t1} bzw. F_{t2}	N	Nenn-Umfangskraft am Teilkreis, des treibenden bzw. getriebenen Rades
$F_{\beta x}$ bzw. $F_{\beta y}$	µm	ursprünglich wirksame Flankenlinienabweichung vor dem Einlaufen bzw. nach dem Einlaufen
f_F	1	Lastkorrekturfaktor zur Bestimmung von K_v
$f_{H\beta}$	µm	Flankenlinien-Winkelabweichung
f_{ma}	µm	(Flankenlinien-)Herstellabweichung
f_{sh}	µm	Flankenlinienabweichung infolge Wellen- und Ritzelverformung
G	N/mm^2	Gleitmodul
g_α	mm	Länge der (gesamten) Eingriffsstrecke
HB	N/mm^2	Brinellhärte
h, h_P, h_0, h_1 bzw. h_2	mm	Zahnhöhe, des Bezugsprofils, des Werkzeugprofils, des Ritzels bzw. Rades
h_a, h_{aP}, h_{a0}	mm	Kopfhöhe, des Bezugsprofils, des Werkzeugprofils
h_f, h_{fP}, h_{f0}	mm	Fußhöhe, des Bezugsprofils, des Werkzeugprofils
h_w, h_{wP}	mm	gemeinsame Zahnhöhe, am Bezugsprofil
$i = n_1/n_2$ $(= n_a/n_b)$	1	(Gesamt-)Übersetzung des Radpaares (Getriebes)
inv		Evolventenfunktion (sprich Involut)
$\Delta j_a, \Delta j_{ae}$ bzw. Δj_{ai}	µm	Spieländerung durch Achsabstandstoleranz, für A_{ae} bzw. für A_{ai}
j_n, j_r	µm	Normalflankenspiel, Radialspiel
$j_t, j_{t\,max}$ bzw. $j_{t\,min}$	µm	theoretisches Drehflankenspiel im Stirnschnitt, größtes bzw. kleinstes
$K = \dfrac{F_t}{b \cdot d_1} \cdot \dfrac{u+1}{u}$	1	Kennwert (K-Faktor) zur näherungsweisen Bestimmung für Stirnradgetriebe
K_A	1	Anwendungsfaktor
K_v	1	Dynamikfaktor
$K_{F\alpha}, K_{H\alpha}$	1	Stirnfaktoren für Zahnfußbeanspruchung, für Flankenpressung
$K_{F\beta}, K_{H\beta}$	1	Breitenfaktoren für Zahnfußbeanspruchung, für Flankenpressung
K'	1	Faktor zur Berechnung von f_{sh} (Ritzellage zu den Lagern)
K_1	1	Faktor für die Berechnung von K_v abhängig von Verzahnungsqualität

Formelzeichen	Einheit	Benennung
$K_{350} \cdot N$		Ablesewert zur Bestimmung von K_v
k	1	Kopfhöhenfaktor
l	mm	Lagerstützweite
$m \mathrel{\hat{=}} m_n, m_t$	mm	Modul $\hat{=}$ Normalmodul, Stirnmodul
N		Bezugsdrehzahl
N_L		Anzahl der Lastwechsel
$n_{1,2}$ (n_a, n_b)	min^{-1}	Drehzahl des Ritzels, Rades (ersten Ritzels, letzten Rades im Getriebe)
P, P_a bzw. P_b	kW	zu übertragende (Nenn-)Leistung, An- bzw. Abtriebsleistung
p	mm	Teilung auf dem Teilzylinder (Teilkreisteilung)
$p_b \mathrel{\hat{=}} p_e$	mm	Teilung auf dem Grundzylinder (Grundkreisteilung) $\hat{=}$ Eingriffsteilung
$p_{bt} \mathrel{\hat{=}} p_{et}, p_{bn} \mathrel{\hat{=}} p_{en}$	mm	Grundkreisteilung $\hat{=}$ Stirneingriffsteilung, Grundzylinder-Normalteilung $\hat{=}$ Normaleingriffsteilung
p_n, p_t	mm	Normalteilung, Stirnteilung
p_w	mm	Teilung am Wälzzylinder
q_H	1	Faktor abhängig von DIN-Qualität zur Berechnung von $f_{H\beta}$
R_a, R_z	µm	arithmetischer Mittenrauhwert, gemittelte Rauhtiefe
R_s	µm	Zahndickenschwankung
$S_F, S_{F\,min}$	1	Zahnbruchsicherheit, Mindestsicherheitsfaktor für Fußbeanspruchung
$S_H, S_{H\,min}$	1	Grübchensicherheit, Mindestsicherheitsfaktor für Flankenpressung
s	mm	Zahndicke, Abstand bei Berechnung von f_{sh}
s_a, s_b, s_y	mm	Zahndicke auf dem Kopfzylinder, Grundzylinder, Y-Zylinder mit d_y
s_n, s_t	mm	Normalzahndicke, Stirnzahndicke auf dem Teilkreis
s_R	mm	Dicke des Zahnkranzes unter dem Zahnfuß
s_w	mm	Zahndicke am Wälzzylinder
$T_{1,2}$ bzw. $T_{a,b}$	Nm	Nenn-Drehmoment des Ritzels, Rades bzw. An-, Abtriebsmoment
T_{sn}	µm	Zahndickentoleranz im Normalschnitt
$u = z_2/z_1$	1	Zähnezahlverhältnis des Radpaares
V	mm	Profilverschiebung
v	m/s	Umfangsgeschwindigkeit am Teilkreis
$x, x_{1,2}, x_m = 0{,}5\,(x_1 + x_2)$	1	Profilverschiebungsfaktor, des Ritzels, Rades, Mittelwert der Summe
Y_{Fa}	1	Formfaktor für Kraftangriff am Zahnkopf
Y_{NT}	1	Lebensdauerfaktor für $\sigma_{F\,lim}$ des Prüfrades
$Y_{R\,rel\,T}$	1	relativer Oberflächenfaktor des Prüfrades
Y_{Sa}	1	Spannungskorrekturfaktor für Kraftangriff am Zahnkopf
$Y_{ST} = 2$	1	Spannungskorrekturfaktor des Prüfrades
Z_X	1	Größenfaktor für Fußbeanspruchung
Z_β	1	Schrägenfaktor für Fußbeanspruchung
$Y_{\delta\,rel\,T}$	1	relative Stützziffer bezogen auf Prüfrad
Y_ϵ	1	Überdeckungsfaktor für Fußbeanspruchung
y	mm	Teilkreisabstandsfaktor
y_β	µm	Einlaufbetrag
Z_B	1	(Ritzel-)Einzeleingriffsfaktor bei $z_1 < 20$ für Flankenpressung
Z_E	1	Elastizitätsfaktor (Flanke)
Z_H	1	Zonenfaktor (Flanke)
Z_L	1	Schmierstoffaktor für Flankenpressung
Z_{NT}	1	Lebensdauerfaktor (Flanke) des Prüfrades
Z_R	1	Rauhigkeitsfaktor für Flankenpressung
Z_v	1	Geschwindigkeitsfaktor für Flankenpressung
Z_W	1	Werkstoffpaarungsfaktor
Z_X	1	Größenfaktor für Flankenpressung
Z_β	1	Schrägenfaktor für Flankenpressung
Z_ϵ	1	Überdeckungsfaktor für Flankenpressung
$z, z_{1,2}, z_n$	1	Zähnezahl, des Ritzels, Rades, Ersatzzähnezahl der Schrägverzahnung
$z_g, z'_g, z_{gt}, z_{gn}$	1	theoretische, praktische Grenzzähnezahl, im Stirnschnitt, im Normalschnitt
$z_m = 0{,}5\,(z_1 + z_2)$	1	mittlere Zähnezahl

Formelzeichen	Einheit	Benennung
$\alpha \mathrel{\hat{=}} \alpha_P = 20°$	°	Eingriffswinkel am Teilzylinder ≙ Profilwinkel des Bezugsprofils
α_a, α_{an}	°	Profilwinkel am Kopfzylinder, im Normalschnitt
α_{A1}, α_{E1}	°	Profilwinkel im Anfangspunkt A, im Endpunkt E des Eingriffs
$\alpha_{B1,2}$	°	Profilwinkel für den inneren Eingriffspunkt B bei Ermittlung von Z_B
α_{sp}	°	Profilwinkel bei $s_a = 0$ (Spitzgrenze)
$\alpha_t, \alpha_n \mathrel{\hat{=}} \alpha_P$	°	Stirn-, Normaleingriffswinkel am Teilzylinder
α_w, α_{wt}	°	Betriebeingriffswinkel im Stirnschnitt, Stirneingriffswinkel am Wälzzylinder
α_y, α_{yt}	°	Profilwinkel am Y-Zylinder (mit d_y), Stirnprofilwinkel
β, β_y	°	Schrägungswinkel, am d_y
β_b	°	Grundschrägungswinkel
$\epsilon_\alpha, \epsilon_{\alpha n}$	1	Profilüberdeckung, für die Ersatz-Geradverzahnung
ϵ_β	1	Sprungüberdeckung
ϵ_γ	1	Gesamtüberdeckung
η_{ges}	1	Gesamtwirkungsgrad
η_Z, η_L, η_D	1	Wirkungsgrad je Zahneingriff; je Lagerung, der Dichtungen einer Welle
ρ_f, ρ_{fP}	mm	Zahnfußrundungsradius, des Bezugsprofils
σ_{F0}, σ_F	N/mm²	örtliche Zahnfußspannung, Zahnfußspannung
$\sigma_{F\,lim}$	N/mm²	Zahnfuß-Biegenenndauerfestigkeit (Biege-Dauerschwellfestigkeit des Prüfrades)
σ_{FP}	N/mm²	zulässige Zahnfußspannung
σ_{H0}, σ_H	N/mm²	Nennwert der Flankenpressung, Flankenpressung am Wälzkreis bzw. Flanken-Tragfähigkeit
σ_{HB}, σ_{HC}	N/mm²	Flankenpressung im inneren Eingriffspunkt, im Wälzpunkt
$\sigma_{H\,lim}$	N/mm²	Dauerfestigkeit für Flankenpressung
σ_{HP}	N/mm²	zulässige Flankenpressung
ψ_d bzw. ψ_m	1	Durchmesser- bzw. Modul-Breitenverhältnis
$\omega_{1,2}$ bzw. $\omega_{a,b}$	s^{-1}	Winkelgeschwindigkeit des Ritzels, Rades bzw. des Antriebs-, Abtriebsrades

Nr.	Formel	Gl.-Nr.	Hinweise
	15.5 Geradstirnräder mit Evolventenverzahnung, Null-Räder bzw. Radpaar		
1	Teilkreisdurchmesser $d = \frac{z \cdot p}{\pi} = z \cdot m$ Modul $m = \frac{p}{\pi} = \frac{d}{z}$	(15.3) (15.4)	m nach A15-1 s. Lehrbuch 15.5.4 Unterschnitt praktische Grenzzähnezahl $z'_g \approx 14$
2	Grundkreisdurchmesser $d_b = d \cdot \cos\alpha = z \cdot m \cdot \cos\alpha$ Grundkreisteilung ≙ Eingriffsteilung $p_b = \frac{d_b \cdot \pi}{z} = p \cdot \cos\alpha$ $\mathrel{\hat{=}} p_e = \pi \cdot m \cdot \cos\alpha$	(15.5) (15.6) (15.7)	$\alpha = \alpha_P = 20°$ $s = 0{,}5\, p = e$ $p = \pi \cdot m = s + e$ Teilkreisteilung
3	Kopfkreisdurchmesser $d_{a1} = d_1 + 2h_a = m(z_1 + 2) = 2a_d - d_{f2} - 2c$ $d_{a2} = d_2 + 2h_a = m(z_2 + 2) = 2a_d - d_{f1} - 2c$	(15.8)	üblich Bezugsprofil II (s. Lehrbuch 15.5.1) $h_a = h_{aP} = m$ $d_{f1,2}$ s. Nr. 4, a_d s. Nr. 5 $c = 0{,}25 \cdot m$

Nr.	Formel	Gl.-Nr.	Hinweise
4	Fußkreisdurchmesser $d_{f1} = d_1 - 2h_f$ $d_{f2} = d_2 - 2h_f$	(15.9)	üblich Bezugsprofil II s. Nr. 3 Hinweis $h_f = h_{fP} = m + c = h_{a0} = 1{,}25 \cdot m$ empfohlen $\rho_f = 0{,}3 \cdot m$ bei $c = 0{,}25 \cdot m$, $h = 2{,}25 \cdot m$
5	Null-Achsabstand $a_d = 0{,}5\,(d_1 + d_2) = 0{,}5 \cdot m \cdot (z_1 + z_2)$	(15.10)	$\frac{2a_d}{m} = z_1 + z_2$ ganzzahlig
6	Übersetzung (Durchmesserverhältnis) $i = \frac{\omega_1}{\omega_2} = \frac{n_1}{n_2} = \frac{d_2}{d_1}$ Zähnezahlverhältnis $u = \frac{z_2}{z_1} \geqslant 1$	(15.11) (15.12)	Übersetzung ins Langsame $i = u$ Übersetzung ins Schnelle $i = 1/u$ $\omega = \frac{v}{r}$ mit $r = d/2$ und $v = d \cdot \pi \cdot n$ in m/s s. auch Lehrbuch 15.9.8: z.B. dreistufig $i = i_1 \cdot i_2 \cdot i_3$ bzw. $u = u_1 \cdot u_2 \cdot u_3$ $= \frac{n_1}{n_2} \cdot \frac{n_2}{n_3} \cdot \frac{n_3}{n_4} = \frac{n_1}{n_4}$ $= \frac{z_2}{z_1} \cdot \frac{z_4}{z_3} \cdot \frac{z_6}{z_5}$
7	Teilkreisdurchmesser für $i = u$ bei gewünschtem a_d (Radpaar) $d_1 = m \cdot z_1 = d_{a1} - 2 \cdot m = \frac{z_1 \cdot d_{a1}}{z_1 + 2} = \frac{2a_d}{1 + u}$ $d_2 = m \cdot z_2 = d_{a2} - 2 \cdot m = \frac{z_2 \cdot d_{a2}}{z_2 + 2} = \frac{2a_d \cdot u}{1 + u}$	(15.13)	s. Nr. 3 und 5 Zahnstangengetriebe $a_d = 0{,}5 \cdot d_1$ und $u = \infty$
8	Profilüberdeckung $\epsilon_\alpha = \frac{g_\alpha}{p_e} =$ $= \frac{0{,}5\,(\sqrt{d_{a1}^2 - d_{b1}^2} + \sqrt{d_{a2}^2 - d_{b2}^2}) - a_d \cdot \sin\alpha}{\pi \cdot m \cdot \cos\alpha}$	(15.15)	$\alpha = 20°$ $\epsilon_\alpha \geqslant 1{,}1$ möglichst $> 1{,}25$, aber < 2 s. A15-2 graphisch
	15.6 Profilverschiebung für Geradstirnräder, Geradstirnradpaare		
9	Profilverschiebung $V = x \cdot m$ praktischer Mindest-Profilverschiebungsfaktor $x = \frac{14 - z}{17}$	(15.17) (15.20)	$+x$ für V_{plus} – Rad, somit $+V$ vom Teilkreis zum Kopfkreis $-x$ für V_{minus} – Rad, somit $-V$ zum Fußkreis hin. Spitzgrenze s. Lehrbuch 15.6.1, Bild 15-24; s_a s. Nr. 16 Hinweise; $h_a = m(1 + x)$, $h_f = m(1{,}25 - x)$ vgl. Nr. 3, 4 $h = h_a + h_f = 2{,}25 \cdot m$
10	Kopfkreisdurchmesser $d_a = d + 2h_a = d + 2m + 2V$ Fußkreisdurchmesser $d_f = d - 2h_f = d - 2(m + c) + 2V$	(15.21) (15.22)	s. Nr. 9 Hinweise $d_{1,2} = z_{1,2} \cdot m$, $d_{b1,2} = d_{1,2} \cdot \cos\alpha$ Ritzel $h_1 = 0{,}5\,(d_{a1} - d_{f1})$ Rad $h_2 = 0{,}5\,(d_{a2} - d_{f2})$ s. Nr. 14

$inv\,\alpha = \tan\alpha - \frac{\pi \cdot \alpha}{180}$

Nr.	Formel	Gl.-Nr.	Hinweise
11	Zahndicke auf d $s = 0{,}5 \cdot p + 2\,V \cdot \tan\alpha = m\left(\frac{\pi}{2} + 2\,x \cdot \tan\alpha\right)$ Lückenweite auf d $e = 0{,}5 \cdot p - 2\,V \cdot \tan\alpha = m\left(\frac{\pi}{2} - 2\,x \cdot \tan\alpha\right)$	(15.23)	$p = s + e$; wie Nr. 10: V_{plus}-Rad $s > 0{,}5 \cdot p,\ e < 0{,}5 \cdot p$ V_{minus}-Rad $s < 0{,}5 \cdot p,\ e > 0{,}5 \cdot p$
12	Achsabstand bei spielfreiem Eingriff $a = 0{,}5\,(d_{w1} + d_{w2}) = \frac{0{,}5\,(d_1 + d_2) \cdot \cos\alpha}{\cos\alpha_w}$ $= a_d \cdot \frac{\cos\alpha}{\cos\alpha_w}$	(15.24)	$\alpha_w \neq \alpha = 20^\circ$ aus A 15-5 $\cos\alpha_w = \frac{d_{b1}}{d_{w1}} = \frac{d_{b2}}{d_{w2}} = \frac{d_1 \cdot \cos\alpha}{d_{w1}} = \frac{d_2 \cdot \cos\alpha}{d_{w2}}$ a_d nach Nr. 5; Teilkreisabstand $y \cdot m = a - a_d$
13	Betriebswälzkreisdurchmesser für bestimmte a $d_{w1} = \frac{d_1 \cdot \cos\alpha}{\cos\alpha_w} = \frac{2\,a}{1 + u} = \frac{2\,z_1}{z_1 + z_2} \cdot a$ $d_{w2} = u \cdot d_{w1} = \frac{d_2 \cdot \cos\alpha}{\cos\alpha_w} = 2\,a - d_{w1}$ $= \frac{2\,a \cdot u}{1 + u} = \frac{2\,z_2}{z_1 + z_2} \cdot a$	(15.25)	α_w aus Nr. 12, s. Nr. 6 $u = \frac{d_{w2}}{d_{w1}}$ $c = 0{,}25\,m = a - 0{,}5\,(d_{a1} + d_{f2})$ $= a - 0{,}5\,(d_{a2} + d_{f1})$ V-Nullgetriebe: $x_1 = -x_2$, wenn $z_1 < z'_g = 14$ und $z_1 + z_2 \geqslant 2\,z'_g = 28$ $a \mathrel{\hat=} a_d$ nach Nr. 5 V-Getriebe: V-Rad mit Nullrad oder V-Räder mit unterschiedlicher V, $\alpha_w \gtreqless \alpha = 20^\circ, (x_1 + x_2) > 0$; meist $a > a_d$
14	Kopfhöhenänderung (negativ) $k \cdot m = a - a_d - m\,(x_1 + x_2)$	(15.26)	bei vorgeschriebenem Mindestspiel $d_{a1} = d_1 + 2\,m + 2\,V_1 + 2\,k \cdot m$ $= 2\,(a + m - x_2 \cdot m) - d_2$ $d_{a2} = d_2 + 2\,m + 2\,V_2 + 2\,k \cdot m$ $= 2\,(a + m - x_1 \cdot m) - d_1$
15	Profilüberdeckung $\epsilon_\alpha = \frac{0{,}5\,(\sqrt{d_{a1}^2 - d_{b1}^2} + \sqrt{d_{a2}^2 - d_{b2}^2}) - a \cdot \sin\alpha_w}{\pi \cdot m \cdot \cos\alpha}$	(15.27)	überschlägig aus A15-3 mit A15-5 $\epsilon_\alpha \geqslant 1{,}1$; α_w aus Nr. 12 bzw. Nr. 17 vgl. Nr. 42 für $\alpha_w = \alpha_{wt}$ und $z_1 = z_{n1} = \infty$ rechnerisch mit A15-28b, c bei $\beta = 0^\circ$
16	Nennmaß der Zahndicke am d_y $s_y = d_y\left(\frac{\pi + 4 \cdot x \cdot \tan\alpha}{2\,z} + \operatorname{inv}\alpha - \operatorname{inv}\alpha_y\right)$ $= d_y\left(\frac{s}{d} + \operatorname{inv}\alpha - \operatorname{inv}\alpha_y\right)$	(15.28)	α_y aus $\cos\alpha_y = \frac{d \cdot \cos\alpha}{d_y}$ s auf d s. Nr. 11 beachte Nr. 17, Hinweis
	z.B. am Kopfkreisdurchmesser $s_a = d_a\left(\frac{s}{d} + \operatorname{inv}\alpha - \operatorname{inv}\alpha_a\right) \geqslant 0{,}2 \cdot m$	(15.29a)	gehärtet $s_a \geqslant 0{,}4 \cdot m$ s. Lehrbuch 15.6.1, Bild 15-24; dsgl. für $s_w \mathrel{\hat=} s_y$ auf $d_w \mathrel{\hat=} d_y$ bei $\alpha_w \mathrel{\hat=} \alpha_y$ $\cos\alpha_a = d\,\frac{\cos\alpha}{d_a}$
	Durchmesser d_{sp} bei $s_a = 0$ $d_{sp} = \frac{d \cdot \cos\alpha}{\cos\alpha_{sp}}$	(15.29b)	Spitzgrenze α_{sp} aus $\operatorname{inv}\alpha_{sp} = \frac{s}{d} + \operatorname{inv}\alpha$ Teilung am Wälzkreis $p_w = s_w + e_w$
	Lückenweite am d_y $e_y = d_y\left(\frac{\pi - 4\,x \cdot \tan\alpha}{2\,z} - \operatorname{inv}\alpha + \operatorname{inv}\alpha_y\right)$ $= d_y\left(\frac{e}{d} - \operatorname{inv}\alpha + \operatorname{inv}\alpha_y\right)$	(15.30)	e auf d s. Nr. 11 dsgl. für $e_w \mathrel{\hat=} e_y$ auf $d_w \mathrel{\hat=} d_y$ bei $\alpha_w \mathrel{\hat=} \alpha_y$

Nr.	Formel	Gl.-Nr.	Hinweise
17	Betriebseingriffswinkel aus $\operatorname{inv}\alpha_w = 2 \cdot \dfrac{x_1 + x_2}{z_1 + z_2} \cdot \tan\alpha + \operatorname{inv}\alpha$	(15.31a)	inv 20° = 0,014904 und α_w aus A15-4, überschlägig aus A15-5
	Summe der Profilverschiebungsfaktoren $x_1 + x_2 = \dfrac{\operatorname{inv}\alpha_w - \operatorname{inv}\alpha}{2\tan\alpha} \cdot (z_1 + z_2)$	(15.31b)	Wahl von $x_1 + x_2$ nach A15-6 Aufteilung von x_1 und x_2 nach A15-7 α_w aus Nr. 12
18	maximales bzw. minimales theoretisches Drehflankenspiel $j_{t\,max} = -\Sigma A_{sni} + \Delta j_{ae}$ bzw. $j_{t\,min} = -\Sigma A_{sne} + \Delta j_{ai}$	(15.32a)	s. Lehrbuch 15.7.1; Richtlinien für Wahl der Verzahnungsqualität s. A15-8 A_{sne} abhängig von $d_{1,2}$ bei gleicher Abmaßreihe aus A15-9a $A_{sni} = A_{sne} - T_{sn}$ mit T_{sn} für Toleranzreihe 24 ... 27 aus A15-9b, s. Empfehlungen
	Spieländerung durch Achsabstandstoleranz $\Delta j_a \approx 2A_a \cdot \tan\alpha$	(15.32b)	$T_{sn} \geqslant 2 \cdot R_s$ aus A15-9c, s. Empfehlungen $A_{sne} \leqslant A_{ai}$, A_{ae}, A_{ai} aus A15-10 s. Empfehlungen
	15.9.3 Kraftverhältnisse		
19	Nenndrehmoment $T_{1,2} = \dfrac{F_{t1,2} \cdot d_{1,2}}{2000}$	(15.34)	$T_1 = 9550 \cdot P/n_1$ $T_2 = 9550 \cdot P/n_2 = i \cdot T_1$ P in kW, $n_{1,2}$ in min^{-1}, $T_{1,2}$ in Nm s. Lehrbuch 15.9.9: $\eta_{ges} = T_b/T_a \cdot i$
20	Nenn-Umfangskraft am $d_{1,2}$ im Stirnschnitt $F_{t1,2} = F_{bn1,2} \cdot \cos\alpha = \dfrac{2000 \cdot T_{1,2}}{d_{1,2}}$ $= \dfrac{1000 \cdot P}{v}$	(15.35)	für Lagerkräfte (s. Lehrbuch zu Bild 15-35 bzw. 11.3.2–2.): nach Gl. (15.36) $F_{bn1,2} = \dfrac{F_{t1,2}}{\cos\alpha} = \dfrac{2000 \cdot T_{1,2}}{d_{1,2} \cdot \cos\alpha}$ nach Gl. (15.37) $F_{r1,2} = F_{t1,2} \cdot \tan\alpha$ $= \dfrac{2000 \cdot T_{1,2} \cdot \tan\alpha}{d_{1,2}}$ $v = \dfrac{d_{1,2} \cdot \pi \cdot n_{1,2}}{1000 \cdot 60} = \dfrac{d_{1,2} \cdot n_{1,2}}{19\,098}$ in m/s
	15.9.5 Vorwahl der Hauptabmessungen		
21	Teilkreisdurchmesser des Ritzels auf gegebenen d_{sh} sitzend $d_1 \approx \dfrac{1{,}8 \cdot d_{sh} \cdot z_1}{z_1 - 2{,}5}$	(15.38a)	$z_1 \approx 20 ... 25$ für $v > 5$ m/s $z_1 \approx 18 ... 22$ für $v = 1 ... 5$ m/s $z_1 \approx 15 ... 20$ für $v < 1$ m/s oder abhängig von i bzw. u und Werkstoff nach A15-12, überschlägig $v = d_1 \cdot \pi \cdot n_1/60\,000 \approx d_1 \cdot n_1/19\,098$ in m/s, wenn
	Ritzelwelle $d_1 \approx \dfrac{1{,}1 \cdot d_{sh} \cdot z_1}{z_1 - 2{,}5}$	(15.38b)	bei aufzusetzendem Ritzel $d_1 \approx 2\,d_{sh}$ Ritzelwelle $d_1 \approx 1{,}25 \cdot d_{sh}$ überschlägig m aus Nr. 1 gewählt nach A15-1, s. Nr. 1 für $d_{1,2}$
	bei gegebenem a_d $d_1 = \dfrac{2a_d}{1+i}$ bzw. $\dfrac{2a_d}{1+u}$	(15.39)	$b_1 = \psi_d \cdot d_1$ und $b_1 = \psi_m \cdot m$, wenn ψ_d aus A15-13a, ψ_m aus A15-13b; $b_2 \approx 0{,}9 \cdot b_1 = b_1 - 5 ... 10$ mm s. auch Nr. 7 bzw. Nr. 12, 13
	auf Grund von Erfahrungen $d_1 \geqslant \sqrt[3]{\dfrac{2 \cdot T_1}{K \cdot \psi_d} \cdot \dfrac{u+1}{u}}$	(15.40)	T_1 nach Nr. 19 K aus A15-14 für ausgeführte Getriebe Werkstoffe nach A15-16

15.9.7 Tragfähigkeitsberechnung von Geradstirnrädern

<table>
<tr><th>Nr.</th><th>Formel</th><th>Gl.-Nr.</th><th>Hinweise</th></tr>
<tr><td>22</td><td>örtliche Zahnfußspannung
$\sigma_{F0} = \frac{F_t}{b \cdot m} \cdot Y_{Fa} \cdot Y_{Sa} \cdot Y_\epsilon$</td><td>(15.41)</td><td>$b_2 \leqslant b_1$ (mittragend höchstens m je Zahnende), F_t s. Nr. 20;
für z_1 und z_2 sowie x_1 und x_2:
Y_{Fa1}, Y_{Fa2} aus A15-23a, Y_{Sa1}, Y_{Sa2} aus A15-23b
$Y_\epsilon = 0{,}25 + 0{,}75/\epsilon_\alpha$, wenn nach Nr. 8 bzw. Nr. 15 $\epsilon_\alpha < 2$</td></tr>
<tr><td>23</td><td>Zahnfußspannung
$\sigma_F = \sigma_{F0} \cdot K_A \cdot K_v \cdot K_{F\beta} \cdot K_{F\alpha} \leqslant \sigma_{FP}$
jeweils für Ritzel und Rad

$\frac{F_m}{b} = K_A \cdot \frac{F_t}{b}$</td><td>(15.42)</td><td>K_A aus A15-17 bzw. $K_A \mathrel{\hat{=}} c_B$ aus A3-5a, b
$K_v = 1 + f_F \cdot (K_{350} \cdot N)$ aus A15-18a oder rechnerisch
$K_v = 1 + \left(\frac{1{,}123 \cdot K_1}{K_A \cdot F_t/b} + 0{,}0193\right) \cdot$
$\cdot\, 0{,}01 \cdot z_1 \cdot v \cdot \sqrt{u^2/(1+u^2)}$ wenn für
<table>
<tr><th>Qualität</th><th>6</th><th>7</th><th>8</th><th>9</th><th>10</th><th>11</th><th>12</th></tr>
<tr><td>K_1</td><td>8,5</td><td>13,6</td><td>21,8</td><td>30,7</td><td>47,7</td><td>68,2</td><td>109,1</td></tr>
</table>
v s. Nr. 20 Hinweise, u nach Nr. 6
$K_{F\beta}$ aus A15-21 mit $F_{\beta y} = F_{\beta x} - y_\beta$ und F_m/b, wenn angenähert f_{sh} aus A15-19a oder rechnerisch $f_{sh} = 0{,}023 \cdot F_m/b\,[\,|\,1 + K' \cdot l \cdot s/d_1^2 \cdot (d_1/d_{sh})^4 - 0{,}3\,| + 0{,}3\,] \cdot (b/d_1)^2$ mit K' s. A15-19b (bei Breitenballigkeit $0{,}012 \cdot F_m/b$)
$f_{ma} \approx f_{H\beta} = 4{,}16 \cdot b^{0,14} \cdot q_H$
(bei Breitenballigkeit $f_{ma} = 0{,}5 \cdot f_{H\beta}$)
<table>
<tr><th>Qualität</th><th>5</th><th>6</th><th>7</th><th>8</th><th>9</th><th>10</th><th>11</th><th>12</th></tr>
<tr><td>q_H</td><td>1</td><td>1,32</td><td>1,85</td><td>2,59</td><td>4,01</td><td>6,22</td><td>9,63</td><td>14,9</td></tr>
</table>
zulässige $f_{H\beta}$-Werte nach A15-19c
somit $F_{\beta x} = f_{ma} + 1{,}33 \cdot f_{sh} \geqslant F_{\beta x\,min}$
s. Lehrbuch 15.9.7–1 und y_β aus A15-20
$K_{F\alpha}$ aus A15-22, s. auch Lehrbuch 15.9.7–1.</td></tr>
<tr><td>24</td><td>zulässige Zahnfußspannung
$\sigma_{FP} = \frac{\sigma_{F\,lim} \cdot Y_{ST} \cdot Y_{NT}}{S_{F\,min}} \cdot Y_{\delta\,relT} \cdot Y_{R\,relT} \cdot Y_x$
$= \frac{\sigma_{FG}}{S_{F\,min}}$
jeweils für Ritzel und Rad bzw. Sicherheit
$S_F = \frac{\sigma_{FG}}{\sigma_F} \geqslant S_{min}$</td><td>(15.43)

–</td><td>$\sigma_{F\,lim}$ aus A15-15 bzw. A15-16, $Y_{ST} = 2$
Y_{NT} aus A15-24
$Y_{\delta\,relT}$ ≈ 1 für $1{,}5 < Y_{Sa}\,(q_s) < 2\,(4)$
$\approx 0{,}95$ für $Y_{Sa}\,(\approx q_s) < 1{,}5$ s. A15-25
$Y_{R\,relT}$ ≈ 1 für $R_z \leqslant 16\,\mu m$
$\approx 0{,}9$ für $R_z > 16\,\mu m$ s. A15-26
Y_x aus A15-27
$S_{F\,min} = 1 \ldots 1{,}4 \ldots 1{,}6$, im Mittel 1,5.</td></tr>
<tr><td>25</td><td>Nennwert für Flankenpressung in C
$\sigma_{HO} = \sigma_{HC} \cdot Z_\epsilon = Z_H \cdot Z_E \cdot Z_\epsilon \cdot$
$\cdot \sqrt{\frac{F_t}{b \cdot d_1} \cdot \frac{u+1}{u}}$</td><td>(15.46)</td><td>Z_H aus A15-28a für $\beta = 0°$
$Z_\epsilon = \sqrt{\frac{4 - \epsilon_\alpha}{3}}$
Z_E aus A15-29
$b \mathrel{\hat{=}} b_2 \leqslant b_1$, F_t s. Nr. 20</td></tr>
</table>

Zahnräder und Zahnradgetriebe

Nr.	Formel	Gl.-Nr.	Hinweise
26	Flächenpressung am Wälzkreis $\sigma_H = \sigma_{H0} \cdot \sqrt{K_A \cdot K_v \cdot K_{H\beta} \cdot K_{H\alpha}} \leqslant \sigma_{HP}$	(15.47a)	$K_A, K_v, K_{H\beta}, K_{H\alpha}$ wie Nr. 23 Hinweise $K_{H\beta}$ aus A15-21 mit $F_{\beta y}$ und F_m/b angenähert oder rechnerisch: $K_{H\beta} = 1 + \frac{10 \cdot F_{\beta y}}{F_m/b}$, wenn $K_{H\beta} \leqslant 2$ $= 2 \cdot \sqrt{\frac{10 \cdot F_{\beta y}}{F_m/b}}$, wenn $K_{H\beta} > 2$
27	Flächenpressung für den inneren Eingriffspunkt B: $\sigma_{HB} = \sigma_H \cdot Z_B \leqslant \sigma_{HP}$	(15.47b)	für $z_1 < 20$ $Z_B = \tan \alpha_w / \sqrt{\tan \alpha_{B1} \cdot \tan \alpha_{B2}}$ mit $\tan \alpha_w$ aus A15-28c und u nach Nr. 6 $\tan \alpha_{B2} = \tan \alpha_w \cdot \frac{u+1}{u} - \frac{\tan \alpha_{B1}}{u}$, sowie $\tan \alpha_{B1}$ mit $z_{n1} = z_1$ und $D_1 = d_{a1}/d_{b1}$ aus A15-28b oder rechnerisch $\tan \alpha_{B1} = \tan \alpha_{a1} - 2\pi/z_1$, wenn $\alpha_{a1} = \arccos(d_1 \cdot \cos \alpha / d_{a1})$
28	zulässige Flankenpressung $\sigma_{HP} = \frac{\sigma_{H\,lim} \cdot Z_{NT}}{S_{H\,min}} \cdot (Z_L \cdot Z_v \cdot Z_R) \cdot Z_W \cdot Z_x$ $= \frac{\sigma_{HG}}{S_{H\,min}}$ bzw. Sicherheit $S_H = \frac{\sigma_{HG}}{\sigma_H} \geqslant S_{H\,min}$	(15.48) –	$\sigma_{H\,lim}$ aus A15-16, Z_{NT} aus A15-30 $(Z_L \cdot Z_v \cdot Z_R)$ = 0,85 für wälzgefräste, für $R_{z\,100} > 4\ \mu m$ gehobelte oder gestoßene Verzahnungen = 0,92 nach dem Verzahnen geschliffen oder geschabt = 1,0 geschliffen oder geschabt wenn $R_{z\,100} = 0{,}5\,(R_{z1} + R_{z2}) \cdot \sqrt[3]{100/a}$ für a nach Nr. 12, s. auch A15-31a, b, c $Z_W = 1{,}2 - \frac{HB - 130}{1700}$, bei HB < 130 $Z_W = 1{,}2$ > 470 1,0 wenn $R_z \leqslant 6\ \mu m$ Z_X = 1 bzw. aus A15-27 (strichliniert) $S_{H\,min} = 1 \ldots 1{,}3$ grobe Überschlagsrechnung nach Lehrbuch Gl. (15.49)
	15.10 Schrägstirnräder und Schrägstirnradgetriebe		
	15.10.2 Schrägverzahnte Nullräder		
29	Schrägungswinkel aus $\cos \beta = \frac{p_n}{p_t} = \frac{m_n \cdot \pi}{m_t \cdot \pi} = \frac{m_n}{m_t}$ bzw. $\cos \beta = \frac{\tan \alpha_n}{\tan \alpha_t}$	(15.52a) (15.52b)	$\beta = 8° \ldots 20°$ daraus p_n, p_t bzw. $m_n \mathrel{\hat=} m$ nach Nr. 1 bzw. m_t $\alpha_t > \alpha_n = 20° \mathrel{\hat=} \alpha_p$ (s. Nr. 2) $s_n = p_n/2 = e_n$, $s_t = p_t/2 = e_t$, $p_n = s_n + e_n$, $p_t = s_t + e_t$

Nr.	Formel	Gl.-Nr.	Hinweise
30	Grundschrägungswinkel aus $\tan \beta_b = \tan \beta \cdot \cos \alpha_t$ bzw. $\sin \beta_b = \sin \beta \cdot \cos \alpha_n$ bzw. $\cos \beta_b = \dfrac{p_{bn}}{p_{bt}} = \cos \beta \cdot \dfrac{\cos \alpha_n}{\cos \alpha_t} = \dfrac{\sin \alpha_n}{\sin \alpha_t}$	(15.53)	
	Grundkreisteilung, Grundzylinder-Normalteilung $p_{bt} \mathrel{\hat{=}} p_{et} = p_t \cdot \cos \alpha_t$ $p_{bn} \mathrel{\hat{=}} p_{en} = p_n \cdot \cos \alpha_n$	(15.54)	s. Formelzeichen
31	Teilkreisdurchmesser $d = z \cdot m_t = z \cdot \dfrac{m_n}{\cos \beta}$	(15.55)	$\cos \beta$ bzw. m_t nach Nr. 29
32	Grundkreisdurchmesser $d_b = d \cdot \cos \alpha_t = z \cdot \dfrac{m_n \cdot \cos \alpha_t}{\cos \beta}$	(15.56)	α_t aus Nr. 29
33	Kopfkreisdurchmesser $d_a = d + 2 \cdot h_a = d + 2 \cdot m_n = m_n \cdot \left(\dfrac{z}{\cos \beta} + 2 \right)$ +2x mn bei Profilverschiebung	(15.57)	$h_a = m_n = 0{,}5 \cdot (d_{a1} - d_1) = 0{,}5\,(d_{a2} - d_2)$ d nach Nr. 31
34	Fußkreisdurchmesser $d_f = d - 2 \cdot h_f = d - 2{,}5 \cdot m_n$	(15.58)	$h_f = 1{,}25 \cdot m_n$ für $c = 0{,}25 \cdot m_n$, $h = h_a + h_f = 2{,}25 \cdot m_n$ vgl. Nr. 4, d nach Nr. 31
35	Null-Achsabstand $a_d = 0{,}5\,(d_1 + d_2) = \dfrac{m_t\,(z_1 + z_2)}{2}$ $= \dfrac{m_n\,(z_1 + z_2)}{2 \cdot \cos \beta}$	(15.59)	
36	Profilüberdeckung $\epsilon_\alpha = \dfrac{g_\alpha}{p_{et}}$ $= \dfrac{0{,}5\,(\sqrt{d_{a1}^2 - d_{b1}^2} + \sqrt{d_{a2}^2 - d_{b2}^2}) - a_d \cdot \sin \alpha_t)}{\pi \cdot m_t \cdot \cos \alpha_t}$	–	s. Lehrbuch 15.10.3 $d_{a\,1,2}$, $d_{b\,1,2}$ nach Nr. 33, 34, a_d nach Nr. 35 m_t, α_t aus Nr. 29 vgl. Nr. 8
	Sprungüberdeckung $\epsilon_\beta = \dfrac{U}{p_t} = \dfrac{b \cdot \tan \beta}{p_t} = \dfrac{b \cdot \sin \beta}{\pi \cdot m_n} \geqslant 1$	–	
	Gesamtüberdeckung $\epsilon_\gamma = \epsilon_\alpha + \epsilon_\beta$	(15.61)	

Nr.	Formel	Gl.-Nr.	Hinweise
	15.10.4 Profilverschobene Schrägverzahnung		
37	Ersatzzähnezahl $z_n = \frac{d_n}{m_n} = \frac{d}{\cos^2 \beta_b \cdot m_n} = \frac{z}{\cos^2 \beta_b \cdot \cos \beta}$ $\approx \frac{z}{\cos^3 \beta}$	(15.62a)	$d_n = z_n \cdot m_n = \frac{d}{\cos^2 \beta_b} = \frac{z \cdot m_n}{\cos^2 \beta_b}$ (s. Lehrbuch Bild 15.46a) $z_n = z_{gn} = 17;\ z_{n\,min} = 7,$ $z_{t\,min} \approx z_{n\,min} \cdot \cos^3 \beta$ $z_{gt} \approx z_{gn} \cdot \cos^3 \beta$ $z'_{gn} = 14$
	praktische Grenzzähnezahl $z'_{gt} \approx z'_{gn} \cdot \cos^3 \beta = 14 \cdot \cos^3 \beta$	(15.62b)	
38	Profilverschiebung $V = x \cdot m_n$	(15.63)	$\pm V$ vgl. Nr. 9 $m_n \hat{=} m$
	praktischer Mindest-Profilverschiebungsfaktor $x = \frac{14 - z_n}{17}$	(15.65)	Spitzgrenze s. Lehrbuch 15.6.1, Bild 15-24 bzw. Nr. 16: $s_a \geqslant 0{,}2 \cdot m_n$ x_{min} s. Lehrbuch Gl. (15.64)
	15.10.5 Schrägverzahnte V-Radpaarungen		
39	Stirn- und Normalzahndicke am d $s_t = \frac{s_n}{\cos \beta} = \frac{p_t}{2} + 2 \cdot V \cdot \tan \alpha_t$ $= m_t \left(\frac{\pi}{2} + 2 \cdot x \cdot \tan \alpha_t \right)$ bzw. $s_n = s_t \cdot \cos \beta = \frac{p_n}{2} + 2 \cdot V \cdot \tan \alpha_n$ $= m_n \left(\frac{\pi}{2} + 2 \cdot x \cdot \tan \alpha_n \right)$	(15.66)	vgl. Nr. 11 bzw. Nr. 16, wenn $s_y = s_{yt},\ s = s_t,\ \alpha = \alpha_t,$ $\alpha_y = \alpha_{yt},\ s_{yn} = s_{yt} \cdot \cos \beta_y$, wenn β_y aus $\tan \beta_y = \tan \beta \frac{\cos \alpha_t}{\cos \alpha_{y\,t}}$ und $\cos \alpha_{yt} = \frac{d}{d_y} \cdot \cos \alpha_t$; d_a, d_f mit $m \hat{=} m_n$ nach Nr. 10 entsprechend e_t, e_n; $p_t = s_t + e_t$
40	Achsabstand bei spielfreiem Eingriff $a = 0{,}5\,(d_{w1} + d_{w2}) = 0{,}5\,(d_1 + d_2) \cdot \frac{\cos \alpha_t}{\cos \alpha_{wt}}$ $= a_d \cdot \frac{\cos \alpha_t}{\cos \alpha_{wt}}$	(15.67)	$d_{1,2}$ nach Nr. 31, a_d nach Nr. 35, α_t aus Nr. 29 $d_{w1} = d_1 \cdot \frac{\cos \alpha_t}{\cos \alpha_{wt}}$, $d_{w2} = d_2 \cdot \frac{\cos \alpha_t}{\cos \alpha_{wt}} = u \cdot d_{w1}$ vgl. Nr. 13 $\cos \alpha_{wt} = \frac{d_{b1}}{d_{w1}} = \frac{d_{b2}}{d_{w2}}$; $k \cdot m_n$ nach Nr. 14 (negativ) Teilkreisabstand $y \cdot m_n = a - a_d$ s. Nr. 12
41	Betriebseingriffswinkel im Stirnschnitt $\text{inv}\,\alpha_{wt} = 2 \cdot \frac{x_1 + x_2}{z_1 + z_2} \cdot \tan \alpha_n + \text{inv}\,\alpha_t$	(15.68a)	Wahl von $(x_1 + x_2)$ abhängig von $(z_{n1} + z_{n2})$ aus A15-6 Aufteilung abhängig von $z_{n\,1,2}$ nach A15-7, vgl. Nr. 17 $\alpha \hat{=} \alpha_n = 20°$, α_t aus Nr. 29
	Summe der Profilverschiebungsfaktoren $x_1 + x_2 = \frac{\text{inv}\,\alpha_{wt} - \text{inv}\,\alpha_t}{2 \cdot \tan \alpha_n} \cdot (z_1 + z_2)$	(15.68b)	

$(z_{n1} + z_{n2})$ für Grenzprofilverschiebung

$$\text{inv}\,\alpha_{wt} - \text{inv}\,\alpha_t = 2\,\frac{x_1 + x_2}{z_1 + z_2} \tan \alpha_n$$

Nr.	Formel	Gl.-Nr.	Hinweise
42	Profilüberdeckung $\epsilon_\alpha = \dfrac{0{,}5\left(\sqrt{d_{a1}^2 - d_{b1}^2} + \sqrt{d_{a2}^2 - d_{b2}^2}\right) - a_d \cdot \sin\alpha_{wt}}{\pi \cdot m_t \cdot \cos\alpha_t}$ Gesamtüberdeckung $\epsilon_\gamma = \epsilon_\alpha + \epsilon_\beta$	(15.61)	ϵ_β s. Nr. 36 bzw. $\epsilon_\alpha = \dfrac{z_1}{2 \cdot \pi}(\tan\alpha_{E1} - \tan\alpha_{A1})$ mit $\tan\alpha_{A1} = \tan\alpha_{wt}(1+u) - u \cdot \tan\alpha_{A2}$ und bei $z_{n1} = \infty$ $\tan\alpha_{E1}$ abhängig von $D_1 = d_{a1}/d_{b1}$ $\tan\alpha_{A2}$ abhängig von $D_2 = d_{a2}/d_{b2}$ aus A15-28b; $\tan\alpha_{wt}$ aus A15-28c.
43	maximales bzw. minimales theoretisches Drehflankenspiel $j_{t\,max} = -\Sigma A_{sti} + \Delta j_{ae} = -\dfrac{\Sigma A_{sni}}{\cos\beta} + \Delta j_{ae}$ $j_{t\,min} = -\Sigma A_{ste} + \Delta j_{ai} = -\dfrac{\Sigma A_{sne}}{\cos\beta} + \Delta j_{ai}$ Spieländerung durch Achsabstandstoleranz $\Delta j_a \approx 2 \cdot A_a \cdot \dfrac{\tan\alpha_n}{\cos\beta}$	(15.69a) (15.69b)	vgl. Nr. 18, s. Lehrbuch 15.10.6 theoretisches Flankenspiel $j_t = -\Sigma A_{st} + \Delta j_a$
	15.10.8 Kraftverhältnisse		
44	Nennumfangskraft im Stirnschnitt am Teilzylinder $F_{t\,1,2} = \dfrac{2000 \cdot T_{1,2}}{d_{1,2}}$	(15.71)	$T_{1,2}$ s. Nr. 19, vgl. Nr. 20 $d_{1,2}$ nach Nr. 31 für Lagerkräfte (beachte Lehrbuch 11.3.2–2.) nach Gl. (15.72) $F_{r\,1,2} = \dfrac{F_{t\,1,2} \cdot \tan\alpha_n}{\cos\beta}$ nach Gl. (15.73) $F_{a\,1,2} = F_{t\,1,2} \cdot \tan\beta$
	15.10.10 Vorwahl der Hauptabmessungen		
45	Schrägungswinkel aus $\tan\beta = \dfrac{m_t \cdot \pi}{b_1} \approx 3{,}5 \cdot \dfrac{m_t}{b_1}$	(15.74)	wie Nr. 21 mit $m_t = d_1/z_1$ und $m_n = m_t \cdot \cos\beta$; $\epsilon_\beta \approx 1 \ldots 1{,}2$, $\psi_m = b_1/m_t$. Für Nullgetriebe verlangter a_d nach Nr. 35 durch β ausführbar.
	15.10.12 Tragfähigkeitsberechnung von Schrägstirnradpaaren		
46	örtliche Zahnfußspannung $\sigma_{F0} = \dfrac{F_t}{b \cdot m_n} \cdot Y_{Fa} \cdot Y_{Sa} \cdot Y_\epsilon \cdot Y_\beta$ (handschriftlich: Tragende Breite $b = b_1 + 2 \cdot m$)	(15.75)	$F_{t\,1,2}$ wie Nr. 44 mit $T_{1,2}$ nach Nr. 19, $d_{1,2}$ nach Nr. 31 Y_{Fa}, Y_{Sa} wie Nr. 22 für z_n nach Nr. 37 (15-23 a, b) $Y_\epsilon = 0{,}25 + 0{,}75/\epsilon_{\alpha n}$ mit ($\epsilon_\alpha = 1 \to Y_\epsilon = 1$; $\epsilon_\alpha = 2 \to Y_\epsilon = 0{,}62$) $\epsilon_{\alpha n} = \epsilon_\alpha/\cos^2\beta_b < 2$ (β_b aus Nr. 30) Y_β aus A15-32 = 1
47	Zahnfußspannung $\sigma_F = \sigma_{F0} \cdot K_A \cdot K_v \cdot K_{F\beta} \cdot K_{F\alpha} \leqslant \sigma_{FP}$ jeweils für Ritzel und Rad (handschriftlich: Umfangsgeschw. $v = \dfrac{\pi \cdot d \cdot n}{60 \cdot 1000}$; $K_A \to$ A 15-17; $K_v \to$ A 15-18)	(15.76)	wie Nr. 23 Hinweise, vgl. Lehrbuch 15.10.12–1. für K_A und K_v, wenn $\epsilon_\beta \geqslant 1$: $K_v = 1 + f_F \cdot (K_{350} \cdot N)$ nach A15-18b; bei $\epsilon_\beta < 1$ mit $K_{v\alpha}$ für Geradverzahnung nach A15-18a und $K_{v\beta}$ für Schrägverzahnung mit $\epsilon_\beta \geqslant 1$ nach A15-18b: $K_v = K_{v\alpha} - \epsilon_\beta \cdot (K_{v\alpha} - K_{v\beta})$ oder rechnerisch für $\epsilon_\beta \geqslant 1$: $K_v = 1 + [K_1/(K_A \cdot F_t/b) + 0{,}0087] \cdot 0{,}01 \cdot z_1 \cdot v \cdot \sqrt{u^2/(1+u^2)}$ mit K_1 nach Nr. 23, Hinweis;

Nr.	Formel	Gl.-Nr.	Hinweise
			bei $\epsilon_\beta < 1$ wird $K_{v\alpha}$ für Geradverzahnung und $K_{v\beta}$ für Schrägverzahnung getrennt errechnet und K_v wie oben bestimmt. $K_{F\beta}, K_{F\alpha}$ entsprechend Nr. 23 Hinweis; σ_{FP} wie Nr. 24 s. Hinweise.
48	Nennwert für Flankenpressung in C $\sigma_{H0} = Z_H \cdot Z_E \cdot Z_\epsilon \cdot Z_\beta \cdot \sqrt{\frac{F_t}{b \cdot d_1} \cdot \frac{u+1}{u}}$	(15.77)	wie Nr. 25 für Z_H für β, Z_E $Z_\epsilon = \sqrt{\frac{1}{\epsilon_\alpha}}$ für $\epsilon_\beta \geqslant 1$ s. Nr. 36 und 42 $= \sqrt{\frac{4-\epsilon_\alpha}{3} \cdot (1-\epsilon_\beta) + \epsilon_\beta/\epsilon_\alpha}$ für $\epsilon_\beta < 1$ aus A15-33 $Z_\beta = \sqrt{\cos\beta}$
49	Flanken-Tragfähigkeit $\sigma_H = \sigma_{H0} \cdot \sqrt{K_A \cdot K_v \cdot K_{H\beta} \cdot K_{H\alpha}} \leqslant \sigma_{HP}$	(15.78)	$K_A, K_v, K_{H\beta}, K_{H\alpha}$ wie Nr. 23 mit Nr. 47 s. Lehrbuch 15.10.12–1 σ_{HP} wie Nr. 28
50	Flächenpressung für den inneren Eingriffspunkt B: $\sigma_{HB} = \sigma_H \cdot Z_B \leqslant \sigma_{HP}$	(15.47b)	für $z_{n1} = \frac{z_1}{\cos^2\beta_b \cdot \cos\beta} < 20$ $Z_B = \frac{\tan\alpha_{wt} \cdot \cos\beta}{\sqrt{\tan\alpha_{B1} \cdot \tan\alpha_{B2}}}$, (vgl. Nr. 27), wenn $\tan\alpha_{wt}$ aus A15-28c und $\tan\alpha_{b1}$ abhängig von z_{n1} sowie $D_1 = \sin^2\beta \cdot \cos\alpha_n + \cos\beta_b \cdot \cos\beta \cdot d_{a1}/d_{b1}$ aus A15-28b, $\tan\alpha_{B2} = \tan\alpha_{wt} \cdot \cos\beta \cdot \left(\frac{u+1}{u}\right) - \frac{1}{u} \cdot \tan\alpha_{B1}$ oder rechnerisch $\tan\alpha_{B1} = \tan\alpha_{an1} - \frac{2\pi}{z_{n1}}$ mit $\alpha_{an1} = \arccos\left(\frac{\cos\alpha_n}{1 + (d_{a1} \cdot \cos^2\beta_b/d_1) - \cos^2\beta_b}\right)$ σ_{HP} wie Nr. 28

15.12 Kegelräder und Kegelradgetriebe

Ergänzende Formelzeichen

Formelzeichen	Einheit	Benennung
d_{ae1}, d_{ae2}	mm	Kopfkreisdurchmesser als größter Radkörperdurchmesser
d_{e1}, d_{e2}	mm	äußerer Teilkreisdurchmesser des treibenden bzw. getriebenen Rades
d_m	mm	mittlerer Teilkreisdurchmesser
d_{vm}	mm	mittlerer Teilkreisdurchmesser des Ersatzstirnrades
F_{tm}	N	am mittleren Teilkreisdurchmesser angreifende Nennumfangskraft
h_{ae}	mm	Zahnkopfhöhe am Rückenkegel
m_m	mm	Modul an der mittleren Teilkegellänge
m_{te}	mm	Modul an der äußeren Teilkegellänge
R_e	mm	äußere Teilkegellänge

Formelzeichen	Einheit	Benennung
R_m	mm	mittlere Teilkegellänge
x_h	1	Profilverschiebungsfaktor
$Y_{\epsilon v}$	1	Überdeckungsfaktor der Ersatzverzahnung
z'_{gk}	1	praktische Grenzzähnezahl für geradverzahnte Kegelräder
z_v	1	Zähnezahl des virtuellen Ersatzstirnrades
$z_{\epsilon v}$	1	Überdeckungsfaktor der Ersatzverzahnung
δ_1, δ_2	°	Teilkegelwinkel des treibenden bzw. getriebenen Rades
δ_a	°	Kopfkegelwinkel
δ_f	°	Fußkegelwinkel
ϑ_a	°	Kopfwinkel
ϑ_f	°	Fußwinkel
Σ	°	Achsenwinkel

Nr.	Formel	Gl.-Nr.	Hinweise
	Geometrische Beziehungen am geradverzahnten Kegelradgetriebe		
51	Achsenwinkel $\Sigma = \delta_1 + \delta_2$	(15.79)	Index 1 für treibendes, Index 2 für getriebenes Rad
52	Teilkegelwinkel $\tan \delta_1 = \dfrac{\sin \Sigma}{i + \cos \Sigma}$ bzw.	(15.81)	
	$\tan \delta_1 = \dfrac{\sin \Sigma}{u + \cos \Sigma}$	(15.83)	
53	für $\Sigma = 90°$ wird $\cot \delta_1 = \tan \delta_2 = i$ bzw.	(15.82)	
54	$\cot \delta_1 = \tan \delta_2 = u$	(15.84)	
55	Übersetzungsverhältnis $i = \dfrac{n_1}{n_2} = \dfrac{\sin \delta_2}{\sin \delta_1} = \dfrac{z_2}{z_1}$	(15.80)	s. Nr. 6
56	äußerer Teilkreisdurchmesser $d_e = z \cdot m_{te} = z \cdot m$	(15.85)	Richtwerte zur Vorwahl der Kegelrad-abmessungen s. A15-34
57	äußerer Kopfkreisdurchmesser $d_{ae} = d_e + 2 h_{ae} \cdot \cos \delta$	(15.86)	
58	Zahnkopfhöhe $h_{ae} = m (x_h + 1)$	(15.87)	$h_{ae} = m$ bei Nullverzahnung
59	äußere Teilkegellänge $R_e = \dfrac{d_e}{2 \cdot \sin \delta} \geqslant 3 \cdot b$	(15.88)	Richtwerte für b s. A15-34

Nr.	Formel	Gl.-Nr.	Hinweise
60	Kopfwinkel $\tan \vartheta_a = \frac{h_{ae}}{R_e}$	(15.89)	Kopfkegelwinkel wird somit $\delta_a = \delta + \vartheta_a$
61	Fußwinkel $\tan \vartheta_f = \frac{h_{fe}}{R_e} \approx \frac{1{,}25 \cdot m}{R_e}$	(15.90)	Fußkegelwinkel somit $\delta_f = \delta - \vartheta_f$
62	mittlerer Teilkreisdurchmesser $d_m = d_e - b \cdot \sin \delta$		Richtwerte für b s. A15-34
63	mittlerer Modul $m_m = \frac{d_m}{z}$	(15.92)	
64	Zähnezahl des Ersatzstirnrades $z_v = \frac{z}{\cos \delta}$	(15.93)	
65	praktische Grenzzähnezahl für geradverzahnte Kegelräder $z'_{gK} \approx z'_g \cdot \cos \delta = 14 \cdot \cos \delta$	(15.94)	Beispiele für Grenz- und Mindestzähnezahlen: (siehe Tabelle unten)
66	für $z < z'_{gK}$ wird zur Vermeidung von Zahnunterschnitt die erforderliche Profilverschiebung $V = + x_h \cdot m$	(15.95)	
67	Profilverschiebungsfaktor $x_h = \frac{14 - z_v}{17} = \frac{14 - (z/\cos \delta)}{17}$	(15.96)	

Beispiele für Grenz- und Mindestzähnezahlen:

$\delta \approx$	< 15°	20°	30°	38°	45°
z'_{gK}	14	13	12	11	10
$z_{min\,K}$	7	7	6	6	5

Entwurfsberechnung für geradverzahnte Kegelräder

Nr.	Formel	Gl.-Nr.	Hinweise
	a) Wenn Wellendurchmesser d_{sh} bereits bekannt, wird der mittlere Teilkreisdurchmesser		Zähnezahl z_1 nach A15-34 festlegen $z_2 = i \cdot z_1$ Zahnbreite aus $b_1 \approx \psi_d \cdot d_{m_1}$ mit ψ_d nach A15-34
68	$d_{m_1} \approx 2{,}4 \ldots 2{,}6 \cdot d_{sh}$ bzw.	(15.97)	
	bei Ausführung als Ritzelwelle		
69	$d_{m_1} \approx 1{,}25 \cdot d_{sh}$	(15.98)	
70	der äußere Teilkreisdurchmesser des treibenden Rades aus $d_{e1} = d_{m1} + b \cdot \sin \delta_1$	(15.99)	Modul $m_{te} = d_{e1}/z_1$ nach A15-1 festlegen und *genaue* Rad- und Getriebeabmessungen ermitteln

<table>
<tr><th>Nr.</th><th>Formel</th><th>Gl.-Nr.</th><th>Hinweise</th></tr>
<tr><td>71</td><td>b) Wellendurchmesser sind unbekannt, große Leistungen bzw. Drehmomente sind zu übertragen:
$d_{m1} \approx \frac{10^3}{\sigma_{H\,lim}} \cdot \sqrt[3]{\frac{T_1 \cdot \sigma_{H\,lim}}{\psi_d}}$ bzw.
$d_{m1} \approx \frac{21 \cdot 10^3}{\sigma_{H\,lim}} \cdot \sqrt[3]{\frac{P_1 \cdot \sigma_{H\,lim}}{n_1 \cdot \psi_d}}$</td><td>(15.100)</td><td>$\sigma_{H\,lim}$ aus A15-16
$\psi_d \approx 0{,}15\sqrt{u^2+1}$ aus A15-34
$T_1 = c_B \cdot T_{nenn}$; $P_1 = c_B \cdot P_{nenn}$
<table><tr><td>d_{m1}</td><td>T_1</td><td>P_1</td><td>$\sigma_{H\,lim}$</td><td>n_1</td><td>ψ_d</td></tr><tr><td>mm</td><td>Nm</td><td>kW</td><td>N/mm²</td><td>1/min</td><td>1</td></tr></table></td></tr>
<tr><td></td><td colspan="3">Tragfähigkeitsberechnung geradverzahnter Kegelräder</td></tr>
<tr><td>72</td><td>Nennumfangskraft am mittleren Teilkreisdurchmesser
$F_{tm1} = \frac{2000 \cdot T_1}{d_{m1}}$</td><td>(15.101)</td><td><table><tr><td>F_{tm1}</td><td>T_1</td><td>d_{m1}</td></tr><tr><td>N</td><td>Nm</td><td>mm</td></tr></table></td></tr>
<tr><td>73</td><td>Axialkraft
$F_{a1} = F_{tm1} \cdot \tan\alpha \cdot \sin\delta_1$</td><td>(15.102)</td><td>$\alpha = 20°$</td></tr>
<tr><td>74</td><td>Radialkraft
$F_{r1} = F_{tm1} \cdot \tan\alpha \cdot \cos\delta_1$</td><td>(15.103)</td><td></td></tr>
<tr><td>75</td><td>bzw. für $\Sigma = 90°$
$F_{r1} = F_{a1} \cdot i$</td><td>(15.104)</td><td></td></tr>
<tr><td></td><td>Unter Vernachlässigung des Wirkungsgrades gilt</td><td></td><td></td></tr>
<tr><td>76</td><td>$F_{tm2} = F_{tm1}$ und bei $\Sigma = 90°$</td><td>(15.105)</td><td></td></tr>
<tr><td>77</td><td>$F_{a2} = F_{r1}$ bzw. $F_{r2} = F_{a1}$</td><td>(15.106)</td><td></td></tr>
<tr><td>78</td><td>örtliche Zahnfußspannung
$\sigma_{F0} = \frac{F_{tm}}{b \cdot m_m} \cdot Y_{Fa} \cdot Y_{\epsilon v}$</td><td>(15.108)</td><td>$b \approx \psi_d \cdot d_{m1}$ nach A15-34
m_m nach Nr. 63
Y_{Fa} nach A15-23 für $z_v = z/\cos\delta$
$Y_{\epsilon v} \approx 1$
K_A s. Hinweis zu Nr. 23
K_v nach A15-18 für $v = d_{vm1} \cdot \pi \cdot n_1$
mit $d_{vm1} = \frac{d_{m1}}{\cos\delta_1}$
$K_{F\alpha} \approx 1$, $K_{F\beta}$ nach A15-21
$K_{F\beta} \approx 1{,}2$</td></tr>
<tr><td>79</td><td>größte Zahnfußspannung
$\sigma_F = \sigma_{F0} \cdot K_A \cdot K_v \cdot K_{F\alpha} \cdot K_{F\beta} \leqslant \sigma_{FP}$</td><td>(15.107)</td><td></td></tr>
<tr><td>80</td><td>zulässige Zahnfußspannung
$\sigma_{FP} = \frac{\sigma_{F\,lim}}{S_{F\,min}}$</td><td>(15.109)</td><td>$\sigma_{F\,lim}$ aus A15-15 und A15-16
$S_{F\,min} \approx 1{,}5 \dots 2{,}5$ für Dauergetriebe
$\approx 1{,}2 \dots 1{,}5$ für Zeitgetriebe</td></tr>
<tr><td>81</td><td>Nennwert für Flankenpressung
$\sigma_{H0} = Z_H \cdot Z_E \cdot Z_{\epsilon v} \cdot \sqrt{\frac{F_{tm}}{d_{vm1} \cdot b} \cdot \frac{u_v + 1}{u_v}}$</td><td>(15.111)</td><td>Z_H aus A15-28a für $\beta = 0°$ und $z_{n1} = z_{v1}$ und $z_{n2} = z_{v2}$ mit z_v nach Nr. 64
Z_E aus A15-29
$Z_{\epsilon v} \approx 1$
$d_{vm1} = d_{m1}/\cos\delta_1$
$b \triangleq b_2 \leqslant b_1$; $u_v = z_{v2}/z_{v1} \geqslant 1$
für $\Sigma = 90°$ wird $u_v = u^2$</td></tr>
</table>

Nr.	Formel	Gl.-Nr.	Hinweise
82	Flächenpressung am Wälzkreis $\sigma_H = \sigma_{H0} \cdot \sqrt{K_A \cdot K_v \cdot K_{H\alpha} \cdot K_{H\beta}} \leqslant \sigma_{HP}$	(15.110)	K_A, K_v wie zu Nr. 79 $K_{H\alpha} \approx 1$, $K_{H\beta}$ aus A15-20 $K_{H\beta} \approx K_{F\beta}$
83	zulässige Flächenpressung $\sigma_{HP} = \frac{\sigma_{H\,lim}}{S_{H\,min}}$	(15.112)	$\sigma_{H\,lim}$ aus A15-15 $S_{H\,lim}$ ≈ 1,2 ... 1,5 für Dauergetriebe ≈ 1 ... 1,2 für Zeitgetriebe

15.13 Schraubradgetriebe

Ergänzende Formelzeichen

Formelzeichen	Einheit	Benennung
c	N/mm²	Belastungskennwert
d_s	mm	Schraubkreisdurchmesser
d_1'	mm	überschlägig ermittelter Teilkreisdurchmesser des treibenden Rades
y	1	Durchmesser/Achsabstand-Verhältnis

Formelzeichen	Einheit	Benennung
β_s	°	Schrägungswinkel der Zahnflanken im Schraubpunkt S
η_Z	–	Wirkungsgrad der Verzahnung
ρ'	°	Keilreibungswinkel
Σ	°	Achsenwinkel

Nr.	Formel	Gl.-Nr.	Hinweise
	Geometrische Beziehungen am Schraubradgetriebe		
84	Übersetzungsverhältnis $i = \frac{n_1}{n_2} = \frac{z_2}{z_1} = \frac{d_2 \cdot \cos\beta_2}{d_1 \cdot \cos\beta_1}$	(15.125)	Index 1 für treibendes, Index 2 für getriebenes Rad
85	Achsenwinkel $\Sigma = \beta_{s1} + \beta_{s2}$	(15.126)	für Null- und V-Null-Verzahnung wird der Schrägungswinkel im Schraubpunkt $\beta_{s1,2} = \beta_{1;2}$; für $\Sigma = 90°$ wird empfohlen $\beta_{s1} \approx 48 \ldots 51°$
86	relative Gleitgeschwindigkeit der Zahnflanken $v_g = v_1 \cdot \sin\beta_{s1} + v_2 \cdot \sin\beta_{s2}$	(15.127)	$v = d \cdot \pi \cdot n$
87	Achsabstand $a = \frac{d_{s1} + d_{s2}}{2} = \frac{m_n}{2}\left(\frac{z_1}{\cos\beta_{s1}} + \frac{z_2}{\cos\beta_{s2}}\right)$	(15.128)	m_n aus A15-1
	Kraftverhältnisse (Null-Verzahnung)		
88	Nennumfangskraft $F_{t1} = \frac{2000 \cdot T_1}{d_1}$	(15.129)	F_{t1} | T_1 | d_1: N | Nm | mm $d_1 = z_1 \frac{m_n}{\cos\beta_1}$
89	Axialkraft $F_{a1} = F_{t1} \cdot \tan(\beta_1 - \rho')$	(15.130)	$\rho' \approx 3 \ldots 6°$ für $\mu \approx 0{,}05 \ldots 1$ und $\alpha_n = 20°$

Nr.	Formel	Gl.-Nr.	Hinweise
90	Radialkraft $F_{r1} = F_{t1} \cdot \dfrac{\tan \alpha_n \cdot \cos \rho'}{\cos(\beta_1 - \rho')}$	(15.131)	
91	Nennumfangskraft $F_{t2} = F_{t1} \cdot \dfrac{\cos(\beta_2 + \rho')}{\cos(\beta_1 - \rho')}$	(15.132)	
92	Axialkraft $F_{a2} = F_{t2} \cdot \tan(\beta_2 + \rho')$	(15.133)	*Beachte:* Die Kräfte resultieren aus dem rechnerischen Nenn-Drehmoment T_1. Zur Erfassung extremer Betriebsbedingungen sind diese ggf. durch den Betriebsfaktor c_B aus A3-5 zu berücksichtigen.
93	Radialkraft $F_{r2} = F_{r1}$	(15.134)	
	Wirkungsgrad (Null-Verzahnung)		
94	Wirkungsgrad der Verzahnung $\eta_Z = \dfrac{\cos(\beta_2 + \rho') \cdot \cos \beta_1}{\cos(\beta_1 - \rho') \cdot \cos \beta_2}$	(15.135)	Selbsthemmung bei $\eta_Z < 0{,}5$ optimaler Wirkungsgrad bei $\beta_1 - \beta_2 = \rho'$; daraus zweckmäßig $\beta_1 = \dfrac{\Sigma + \rho'}{2}$ und $\beta_2 = \dfrac{\Sigma - \rho'}{2}$
95	für $\Sigma = \beta_1 + \beta_2 = 90°$ $\eta_Z = \dfrac{\tan(\beta_1 - \rho')}{\tan \beta_1}$	(15.136)	
	Berechnung der Getriebeabmessungen (Null-Verzahnung)		
	a) wenn Σ, i und P_1 bekannt:		
96	Teilkreisdurchmesser des treibenden Rades $d_1' \approx 120 \cdot \sqrt[3]{\dfrac{c_B \cdot P_1 \cdot z_1^2}{c \cdot n_1 \cdot \cos^2 \beta_1}}$	(15.137)	d_1' in mm; P_1 in kW; n_1 in 1/min; c in N/mm²; β_1 in °; z_1, c_B: 1 c aus A15-36 c_B aus A3-5 z_1 aus A15-35; $z_2 = i \cdot z_1$ $\beta_1 = (\Sigma - \rho')/2$ mit $\rho' \approx 5°$ m_n nach A15-1 festlegen
97	der Normalmodul $m_n' = d_1' \cdot \cos \beta_1 / z_1$	–	
98	Radbreite $b \approx 10 \cdot m_n$	–	
	b) wenn Σ, i und a bekannt:		
99	Schrägungswinkel für das getriebene Rad ungefähr $\tan \beta_2 \approx \left(\dfrac{2 \cdot a}{d_1} - 1\right) \cdot \dfrac{1}{i \cdot \sin \Sigma} - \dfrac{1}{\tan \Sigma}$	(15.138)	$d_1 \approx y \cdot a$ mit y aus A15-35 z_1, z_2 wie zu Nr. 96 m_n, b wie zu Nr. 97 und 98
100	Zur Einhaltung des Achsabstandes a wird der *genaue* Schrägungswinkel ermittelt aus $\dfrac{1}{\cos \beta_2} = \dfrac{2 \cdot a}{m_n \cdot z_2} - \dfrac{1}{i \cdot \cos \beta_1}$	(15.139)	$\beta_1 = \Sigma - \beta_2$ Weiterrechnung wie unter a)

15.14 Schneckengetriebe

Ergänzende Formelzeichen

Formelzeichen	Einheit	Benennung
d_{m1}	mm	Mittenkreisdurchmesser der Schnecke
f_{grenz}	mm	zulässige Durchbiegung der Schneckenwelle
f_{max}	mm	maximale Durchbiegung der Schneckenwelle
m_x	mm	Modul im Axialschnitt
p_x	mm	Teilung im Axialschnitt, Abstand zweier benachbarter Schneckenzähne
p_{z1}	mm	Steigungshöhe, vorhandener Abstand zwischen zwei aufeinanderfolgenden Windungen einer Flanke ein und desselben Schneckenzahnes
q_1	1	Kühlbeiwert zur Berücksichtigung der Kühlungsart
q_2	1	Übersetzungsbeiwert bei treibender Schnecke
q_3	1	Werkstoffpaarungsbeiwert
q_4	1	Beiwert zur Berücksichtigung der Getriebebauart
S_D	1	Durchbiegesicherheit
S_ϑ	1	Temperatursicherheit
Z_h	1	Lebensdauerfaktor
Z_N	1	Lastwechselfaktor
Z_P	1	Kontaktfaktor
γ_m	°	Mittensteigungswinkel
η_Z, η_Z'	1	Wirkungsgrad der Verzahnung bei treibender Schnecke bzw. treibendem Schneckenrad
ϑ	°C	Temperatur des Schneckengetriebes unter Last
ϑ_{grenz}	°C	zulässige Temperatur
ρ'	°	Keilreibungswinkel
ψ_a	1	Durchmesser/Achsabstands-Verhältnis

Nr.	Formel	Gl.-Nr.	Hinweise
	Geometrische Beziehungen bei Zylinderschneckengetrieben mit Achsenwinkel $\Sigma = 90°$		
101	Übersetzung bei treibender Schnecke $i = u = \frac{n_1}{n_2} = \frac{z_2}{z_1} = \frac{T_2}{T_1 \cdot \eta_g}$	(15.140)	allgemein gilt: $i_{min} \approx 5$ $i_{max} \approx 50 \dots 60$ günstige Bauverhältnisse mit Werten aus A15-37
	Abmessungen der Schnecke		
102	Mittensteigungswinkel $\tan \gamma_m = \frac{p_{z1}}{d_{m1} \cdot \pi}$	(15.141)	$p_{z1} = z_1 \cdot p_x$ (p_x Axialteilung) $\gamma_m \approx 15 \dots 25°$ $d_{m1} \approx (0{,}3 \dots 0{,}5) \cdot a$
103	Mittenkreisdurchmesser $d_{m1} = \frac{z_1 \cdot m}{\tan \gamma_m} = \frac{z_1 \cdot m_n}{\sin \gamma_m}$	(15.143)	$m = m_n / \cos \gamma_m$; m aus A15-38
104	Kopfkreisdurchmesser $d_{a1} = d_{m1} + 2 \cdot m$	(15.144)	Kopfhöhe $h_{a1} = m$

Nr.	Formel	Gl.-Nr.	Hinweise
105	Fußkreisdurchmesser $d_{f1} \approx d_{m1} - 2{,}5 \cdot m$	(15.145)	Fußhöhe $h_{f1} \approx 1{,}25 \cdot m$
106	Zahnbreite (Schneckenlänge) $b_1 \geqslant 2 \cdot m \cdot \sqrt{z_2 + 1}$	(15.146)	
	Abmessungen des Schneckenrades		
107	Teilkreisdurchmesser $d_2 = m \cdot z_2$	(15.149)	
108	Kopfkreisdurchmesser $d_{a2} = d_2 + 2 \cdot m$	(15.150)	
109	Fußkreisdurchmesser $d_{f2} \approx d_2 - 2{,}5 \cdot m$	(15.151)	
110	Außendurchmesser des Außenzylinders $d_{e2} \approx d_{a2} + m$	(15.152)	
111	Breite der Räder aus GG oder CuSn-Legierungen $b_2 \approx 0{,}45\,(d_{a1} + 4 \cdot m)$	(15.153a)	
112	Breite der Räder aus Al-Legierungen $b_2 \approx 0{,}45\,(d_{a1} + 4 \cdot m) + 1{,}8 \cdot m$	(15.153b)	
113	**Achsabstand** $a = \dfrac{d_{m1} + d_2}{2}$	(15.154)	
	Wirkungsgrad, Gleitgeschwindigkeit		
114	Wirkungsgrad der Verzahnung bei treibender Schnecke $\eta_Z = \dfrac{\tan \gamma_m}{\tan(\gamma_m + \rho')}$	(15.156)	Reibungswerte aus A15-39
115	Wirkungsgrad der Verzahnung bei treibendem Schneckenrad $\eta'_Z = \dfrac{\tan(\gamma_m - \rho')}{\tan \gamma_m}$	–	
116	Gesamtwirkungsgrad $\eta_g = \eta_Z \cdot \eta_{L\,ges} \cdot \eta_{D\,ges}$	(15.158)	Richtwerte für η_g aus A15-40 $\eta_{L\,ges} = \eta_{L1} \cdot \eta_{L1}$; $\eta_{D\,ges} = \eta_{D1} \cdot \eta_{D2}$ Lagerung einer Welle mit zwei Wälzlagern: $\eta_L \approx 0{,}99$ Lagerung einer Welle mit zwei Gleitlagern: $\eta_L \approx 0{,}97$ Dichtung einer Welle einschließlich Schmierung: $\eta_D \approx 0{,}98$

Nr.	Formel	Gl.-Nr.	Hinweise
117	Gleitgeschwindigkeit $v_g = \dfrac{v_1}{\cos\gamma_m} = \dfrac{d_{m1}\cdot\pi\cdot n_1}{60\cdot\cos\gamma_m}$	(15.157)	v_g, v_1: m/s; d_{m1}: m; n_1: 1/min; γ_m: °
	Kraftverhältnisse		
	Kräfte an der Schnecke		
118	Umfangskraft $F_{t1} = \dfrac{2000\cdot T_1\cdot(c_B)}{d_{m1}}$	(15.159)	F_{t1}: N; T_1: Nm; c_B: 1; d_{m1}: mm
119	Axialkraft $F_{a1} = \dfrac{F_{t1}}{\tan(\gamma_m+\rho')}$	(15.160)	ρ' wie zu Nr. 114
120	Radialkraft $F_{r1} = \dfrac{F_{t1}\cdot\cos\rho'\cdot\tan\alpha_n}{\sin(\gamma_m+\rho')}$	(15.161)	$\alpha_n = 20°$ (üblich)
	Kräfte am Schneckenrad		
121	Umfangskraft $F_{t2} = F_{a1}$	(15.162)	
122	Axialkraft $F_{a2} = F_{t1}$	(15.163)	
123	Radialkraft $F_{r2} = F_{r1}$	(15.164)	
	Entwurfsberechnung für Schneckengetriebe		
	a) *a, i* bzw. *u* sind bekannt:		
124	Zähnezahl der Schnecke $z_1 \approx \dfrac{1}{u}(7+2{,}4\sqrt{a})$	(15.165)	z_1 kann auch nach A15-37 festgelegt werden; $z_2 = u\cdot z_1 = i\cdot z_1$
125	vorläufiger Mittenkreisdurchmesser $d'_{m1} \approx \psi_a\cdot a$	(15.166)	$\psi_a \approx 0{,}5 \dots 0{,}3$
126	vorläufiger Teilkreisdurchmesser des Schneckenrades $d'_2 = 2\cdot a - d'_{m1}$	(15.167)	aus $m_t \mathrel{\hat{=}} m_x = m = d_2/z_2$ wird m ermittelt und nach DIN 780 T2 festgelegt (A15-38). Damit wird $d_2 = m\cdot z_2$ und $d_{m1} = 2\cdot a - d_2$
127	Mittensteigungswinkel γ_m der Schnecke gleich Schrägungswinkel β des Schneckenrades $\tan\gamma_m = \tan\beta = \dfrac{z_1\cdot m}{d_{m1}}$	(15.168)	sonstige Abmessungen von Schnecke und Schneckenrad nach 15.14.2

Nr.	Formel	Gl.-Nr.	Hinweise

b) T_2 bzw. P_2, n_2, u sind bekannt:

128

ungefährer Achsabstand

$$a' \approx 750 \sqrt[3]{\frac{T_2}{\sigma^2_{\mathrm{H\,lim}}}} \approx 16 \cdot 10^3 \cdot \sqrt[3]{\frac{P_2}{n_2\, \sigma^2_{\mathrm{H\,lim}}}} \qquad (15.169)$$

a festlegen nach DIN 323, R10 (A2-1)

a'	T_2	P_2	n_2	$\sigma_{\mathrm{H\,lim}}$
mm	Nm	kW	1/min	N/mm²

$T_2 = T_1 \cdot u \cdot \eta_g$ mit η_g aus A15-40
$P_2 = P_1 \cdot u \cdot \eta_g$
$\sigma_{\mathrm{H\,lim}}$ aus A15-42
Weiterrechnung wie unter a).
Sonstige Abmessungen nach 15.14.2.

Tragfähigkeitsberechnungen für Schneckengetriebe

129

Sicherheit gegen Grübchenbildung

$$S_{\mathrm{H}} = \frac{\sigma_{\mathrm{H\,lim}} \cdot Z_{\mathrm{h}} \cdot Z_{\mathrm{N}}}{Z_{\mathrm{E}} \cdot Z_{\mathrm{P}} \cdot \sqrt{1000 \cdot T_2 \cdot \frac{K_{\mathrm{A}}}{a^3}}} \geqslant S_{\mathrm{H\,min}} \qquad (15.170)$$

$\sigma_{\mathrm{H\,lim}}$	T_2	a	$Z_{\mathrm{h}}, Z_{\mathrm{N}}, Z_{\mathrm{p}}, K_{\mathrm{A}}$	Z_{E}
N/mm²	Nm	mm	1	$\sqrt{\mathrm{N/mm^2}}$

$\sigma_{\mathrm{H\,lim}}$, Z_{E} aus A15-42
Z_{h} aus A15-43
Z_{N} aus A15-44
Z_{P} aus A15-45
K_{A} aus A15-17; $K_{\mathrm{A}} = 1$, wenn bereits bei der Ermittlung von T_2 der Betriebsfaktor berücksichtigt wurde
$S_{\mathrm{H\,min}} \approx 1 \ldots 1{,}3$

130

Sicherheit gegenüber Zahnfußbruch am Rad

$$S_{\mathrm{F}} = \frac{U_{\lim} \cdot m \cdot b_2}{F_{t2} \cdot K_{\mathrm{A}}} \geqslant S_{\mathrm{F\,min}} \qquad (15.171)$$

$U_{\lim}$ aus A15-42
b_2 nach Nr. 111
F_{t2} nach Nr. 121
K_{A} s. zu Nr. 129
$S_{\mathrm{F\,min}} \geqslant 1$

131

Temperatursicherheit

$$S_{\vartheta} = \frac{\vartheta_{\mathrm{grenz}}}{\vartheta} = \left(\frac{a}{10}\right)^2 \cdot \frac{q_1 \cdot q_2 \cdot q_3 \cdot q_4}{136 \cdot P_1} \geqslant 1 \qquad (15.172)$$

S_{ϑ}	$\vartheta_{\mathrm{grenz}}$, ϑ	a	P_1	$q_1 \ldots q_4$
1	°C	mm	kW	1

$\vartheta_{\mathrm{grenz}} \approx 80\,°\mathrm{C}$
q_1 aus A15-46
q_2 aus A15-47
q_3 aus A15-48
q_4 aus A15-49

132

Durchbiegesicherheit

$$S_{\mathrm{D}} = \frac{f_{\mathrm{grenz}}}{f_{\max}} \geqslant 0{,}5 \ldots 1 \qquad (15.173)$$

$f_{\mathrm{grenz}} \approx 0{,}004 \cdot m$ für gehärtete und
$0{,}01 \cdot m$ für vergütete Schnecken

$$f_{\max} \approx \frac{F_1 \cdot l_1^3}{48 \cdot E \cdot I} \text{ mit } F_1 = \sqrt{F_{r1}^2 + F_{t1}^2};$$

Lagerabstand $l_1 \approx 1{,}5 \cdot a$

$I \approx \frac{\pi}{64} \cdot d^4$ mit $d \approx d_{\mathrm{sh1}}$ bzw. $d \approx d_{\mathrm{m1}}$ je nach Schneckenausführung

16 Riemengetriebe

Formelzeichen	Einheit	Benennung
b	mm	Riemenbreite
b'	mm	rechnerische Riemenbreite
c_1	1	Winkelfaktor zur Berücksichtigung des Umschlingungswinkels
c_2	1	Längenfaktor (bei Normalkeilriemen)
c_3	1	Längenfaktor (bei Schmalkeilriemen)
c_B	1	Betriebsfaktor zur Berücksichtigung der dynamischen Betriebsverhältnisse
d_1, d_2	mm	Riemenscheibendurchmesser (bei Flachriemen)
d_{1N}	mm	Bezugsscheibendurchmesser (bei Zahnriemen)
d_{r1}, d_{r2}	mm	Richtdurchmesser der Schmalkeilriemen-Scheiben
d_{w1}, d_{w2}	mm	Wirkdurchmesser der Normalkeilriemen-Scheiben
E_b	N/mm²	Elastizitätsmodul bei Biegung
e	mm	Wellenmittenabstand (Achsabstand)
e'	mm	ungefährer Wellenabstand
F_1, F_2	N	Trumkräfte im Last- und Leertrum
F_N	N	Anpreßkraft (Normalkraft)
F_R	N	Reibkraft
F_t	N	Umfangskraft, Nutzkraft
F_W	N	Wellenbelastung im Betriebszustand
F_{Wo}	N	Wellenbelastung im Ruhezustand
f_B	1/s	Biegefrequenz
$f_{B\,zul}$	1/s	zulässige Biegefrequenz
h_z	mm	Zahnhöhe
i	1	Übersetzungsverhältnis
k_1	1	Faktor zur Berücksichtigung des Riementyps
k_2	1	Faktor zur Berücksichtigung der Laufschicht
k_3	1	Faktor zur Berücksichtigung der Riemenausführung
L, L_w	mm	Riemenlänge, -wirklänge
L_r, L_{wr}	mm	rechnerische Riemenlänge, -wirklänge
L_i	mm	Riemeninnenlänge
ΔL	mm	Längendifferenz
m	1	Trumkraft- und Trumspannungsverhältnis
n_1, n_2	1/min	Drehzahl der kleinen bzw. großen Scheibe
P	kW	zu übertragende Nennleistung
P_{spez}	kW/mm	vom Zahnriemen übertragbare Leistung je Zahn bei 1 mm Riemenbreite
P'	kW	maßgebende Berechnungsleistung
p	mm	Zahnteilung
p_{Fl}	N/mm²	zulässige Flankenpressung
S	mm²	Riemenquerschnittsfläche
s	mm	Riemendicke
s_{Sp}	mm	Spannweg zur Vergrößerung des Wellenabstandes
s_V	mm	Verstellweg zur Verkleinerung des Wellenabstandes
T	Nmm	Drehmoment
v	m/s	Riemengeschwindigkeit
v_{opt}	m/s	optimale Riemengeschwindigkeit
z	1	Anzahl der vom Riemen überlaufenen Scheiben, Anzahl der erforderlichen Keilriemen
z_e	1	Anzahl der eingreifenden Zähne
z_R	1	Riemenzähnezahl
z_{Rr}	1	rechnerische Riemenzähnezahl
$\beta_1, \widehat{\beta}_1$	°, rad	Umschlingungswinkel an der kleinen Scheibe
ϵ	%	Dehnung
κ	1	Ausbeute
μ	1	Reibungszahl

Formelzeichen	Einheit	Benennung
ρ	kg/dm^3	Dichte des Riemenwerkstoffes
$\sigma_1\ \sigma_2$	N/mm^2	Normalspannung im Last- bzw. Leertrum
σ_b	N/mm^2	Biegespannung
σ_F	N/mm^2	Fliehkraftspannung
σ_{ges}	N/mm^2	Gesamtspannung im Lasttrum
σ_N	N/mm^2	Nutzspannung
ψ	%	Schlupf

Nr	Formel	Gl.-Nr.	Hinweise
	16.4.1 Theoretische Grundlagen		
1	Reibkraft zwischen Riemen und Scheibe $F_R = \mu \cdot F_N \geqslant F_t$	(16.1)	Anhaltswerte für μ nach A16-1
2	vom Riemen zu übertragende Nutzkraft (Umfangskraft) $F_t = F_1 - F_2$	(16.2)	
3	Trumkraftverhältnis $\frac{F_1}{F_2} = \frac{\sigma_1}{\sigma_2} = e^{\mu \widehat{\beta}_1} = m$	(16.3)	$e \approx 2{,}71828$ ... Basis des natürlichen Logarithmus $\widehat{\beta}_1 = \pi \cdot \beta_1^\circ / 180$
4	vom Riemen übertragbare Umfangskraft (Nutzkraft) $F_t = F_1 - \frac{F_1}{m} = F_1 \frac{m-1}{m} = F_1 \cdot \kappa$	(16.4)	$\kappa = f(\mu, \beta_1)$, Werte nach A16-3
5	vom Riemen aufzunehmende Fliehkraft $F_Z \approx S \cdot \rho \cdot v^2 \cdot 10^{-3}$	(16.5)	F_Z: N; S: mm^2; ρ: kg/dm^3; v: m/s ρ nach A16-1
6	Wellenbelastung im Betriebszustand $F_W = F_t \cdot \frac{\sqrt{m^2 + 1 - 2m \cdot \cos\beta_1}}{m-1} = k \cdot F_t$	(16.6)	F_t nach Nr. 4 $k = f(\beta_1, \mu)$ nach A16-4
7	theoretische Wellenbelastung im Ruhezustand $F_{Wo} = F_W + F_Z = k \cdot F_t + F_Z$	(16.7)	
8	der durch die Dehnung des Riemens bedingte Schlupf $\psi = (v_1 - v_2) \cdot 100 / v_2$	(16.7a)	

Riemengetriebe

<table>
<tr><th>Nr.</th><th>Formel</th><th>Gl.-Nr.</th><th>Hinweise</th></tr>
<tr><td>9</td><td>die tatsächliche Übersetzung unter Berücksichtigung des Dehnschlupfes und der Riemendicke
$i = \frac{n_1}{n_2} = \frac{d_2 + s}{d_1 + s} \cdot \frac{100}{100 - \psi}$</td><td>(16.8)</td><td rowspan="2">Anhaltswerte für i_{max}
$i \leqslant 6$ für offene Flachriemengetriebe
$i \leqslant 15$ für Spannrollengetriebe
$i \leqslant 20$ in Sonderfällen bei Mehrschichtriemen
$i \leqslant 15$ für Keilriemengetriebe, s. A16-2
$i \leqslant 10$ für Zahnriemengetriebe
$F_t = T/(d/2)$
κ nach A16-3</td></tr>
<tr><td>10</td><td>mit wenigen Ausnahmen kann allgemein gerechnet werden mit
$i = \frac{n_1}{n_2} \approx \frac{d_2}{d_1}$</td><td>(16.9)</td></tr>
<tr><td>11</td><td>Im Lasttrum auftretende Zugspannung
$\sigma_1 = \frac{F_1}{S} = \frac{F_t}{\kappa \cdot S}$</td><td>(16.10)</td><td></td></tr>
<tr><td>12</td><td>Im Bereich des Umschlingungswinkels auftretende Biegespannung
$\sigma_b = E_b \cdot \epsilon_b \approx E_b \cdot (s/d_1)$</td><td>(16.11)</td><td rowspan="2">E_b nach A16-1
$(s/d_1)_{max}$ nach A16-1<table><tr><th>σ_f</th><th>F_Z</th><th>S</th><th>ρ</th><th>v</th></tr><tr><td>N/mm^2</td><td>N</td><td>mm^2</td><td>kg/dm^3</td><td>m/s</td></tr></table></td></tr>
<tr><td>13</td><td>Durch die Umlenkung der Riemenmasse hervorgerufene Fliehkraftspannung
$\sigma_f = \frac{F_Z}{S} = \rho \cdot v^2 \cdot 10^{-3}$</td><td>(16.12)</td></tr>
<tr><td>14</td><td>Gesamtspannung im Lasttrum
$\sigma_{ges} = \sigma_1 + \sigma_b + \sigma_f \leqslant \sigma_{z\,zul}$</td><td>(16.13)</td><td></td></tr>
<tr><td>15</td><td>Nutzspannung
$\sigma_N = \sigma_1 - \sigma_2 = \sigma_1 \cdot \kappa = (\sigma_{z\,zul} - \sigma_b - \sigma_f) \cdot \kappa$</td><td>(16.14)
(16.15)</td><td>$\sigma_{z\,zul}$ nach A16-1</td></tr>
<tr><td>16</td><td>vom Riemen übertragbare Leistung
$P = (\sigma_{z\,zul} - E_b\,(s/d_1) - \rho \cdot v^2 \cdot 10^{-3}) \cdot \kappa \cdot b \cdot s \cdot v \cdot 10^{-3}$</td><td>(16.16)</td><td rowspan="2"><table><tr><th>P</th><th>$\sigma_{z\,zul}, E_b$</th><th>s, d_1, b</th><th>$v\ v_{opt}$</th><th>κ</th><th>ρ</th></tr><tr><td>kW</td><td>N/mm^2</td><td>mm</td><td>m/s</td><td>1</td><td>kg/dm^3</td></tr></table></td></tr>
<tr><td>17</td><td>die optimale Riemengeschwindigkeit
$v_{opt} = \sqrt{\frac{10^3\,[\sigma_{z\,zul} - E_b\,(s/d_1)]}{3 \cdot \rho}}$</td><td>(16.17)</td></tr>
<tr><td></td><td colspan="3">16.4.2 Praktische Berechnung der Flachriemengetriebe (Extremultus, Bauart 80/85)</td></tr>
<tr><td>18</td><td>Empfohlener Wellenmittenabstand
$e' \approx (0{,}7 \ldots 2)\,(d_1 + d_2)$</td><td>(16.19)</td><td rowspan="2">$e'_{min} \geqslant (0{,}8 \ldots 1) \cdot d_2$
$d_2 = i \cdot d_1$ mit d_1 nach A16-6 bzw. A16-20
d_1 und d_2 möglichst nach DIN 111 festlegen, s. A16-8</td></tr>
<tr><td>19</td><td>Umschlingungswinkel an der kleinen Scheibe
$\beta_1 = 2 \arccos\left(\frac{d_2 - d_1}{2e}\right)$</td><td>(16.20)</td></tr>
</table>

Nr.	Formel	Gl.-Nr.	Hinweise
20	rechnerische Riemenlänge $L_r = 2\,e' \cdot \sin\left(\frac{\beta_1}{2}\right) + \frac{\pi}{2}\,(d_2 + d_1)$ $+ \frac{\pi}{2}\left(1 - \frac{\beta_1}{180}\right)(d_2 - d_1)$	(16.21)	rechnerische Riemenlänge L_r auf *Bestellänge* L runden
21	tatsächlicher Wellenabstand mit der festgelegten Riemenlänge $e = \frac{L}{4} - \frac{\pi}{8}\,(d_1 + d_2)$ $+ \sqrt{\left[\frac{L}{4} - \frac{\pi}{8}\,(d_1 + d_2)\right]^2 - \frac{(d_2 - d_1)^2}{8}}$	(16.22)	
22	der zur notwendigen Dehnung des Riemens erforderliche Spannweg $s_{Sp} \geqslant \epsilon \cdot \frac{L}{200}$	(16.23)	$\begin{array}{c\|c\|c} s_{Sp} & L & \epsilon \\ \hline mm & mm & \% \end{array}$ $\epsilon \approx 2\,\%$ bei gleichmäßiger Belastung $\epsilon \approx 3\,\%$ bei Belastung mit starken Stößen
23	die für die Leistungsberechnung maßgebende Umfangskraft $F_t = \frac{c_B \cdot T}{d/2} \approx \frac{19{,}1 \cdot 10^6\,(c_B \cdot P)}{d_1 \cdot n_1}$	(16.24)	$\begin{array}{c\|c\|c\|c\|c\|c} F_t & c_B & T & d, d_1 & P & n_1 \\ \hline N & 1 & Nmm & mm & kW & 1/min \end{array}$ c_B nach A3-5b $F'_t = f(d_1, \beta_1,$ Riementyp$)$ Werte nach A16-7 $F'_t \approx 6{,}95 \cdot 10^{-4} \cdot d_1 \cdot \beta_1$
24	rechnerische Riemenbreite $b' = F_t/F'_t$ bzw.	(16.25)	$\begin{array}{c\|c\|c\|c\|c} b' & k_2 & F_t & \beta_1 & d_1 \\ \hline mm & 1 & N & ^\circ & mm \end{array}$
25	$b' \approx \frac{10^3 \cdot k_2 \cdot F_t}{d_1 \cdot \beta_1}$	—	$k_2 \approx 1{,}4$ wenn Laufschicht aus Elastomer (G) $k_2 \approx 1{,}5$ wenn Laufschicht aus Leder (L) Riemenbreite b nach A16-8 festlegen
26	vorhandene Biegefrequenz $f_B = \frac{10^3 \cdot v \cdot z}{L} \leqslant f_{B\,zul}$	(16.26)	$\begin{array}{c\|c\|c\|c} f_B & v & z & L \\ \hline 1/s & m/s & 1 & mm \end{array}$
27	zulässige Biegefrequenz $f_{B\,zul} \approx k_3 \cdot \frac{5800}{d_{1N}}\left(\frac{d_1}{d_{1N}}\right)^3$	(16.26a)	$\begin{array}{c\|c\|c} f_{B\,zul} & k_3 & d_1, d_{1N} \\ \hline 1/s & 1 & mm \end{array}$ d_{1N} nach A16-5b $k_3 = 1$ wenn Riemenausführung G $k_3 = 0{,}7$ wenn Riemenausführung L
28	maximale Wellenbelastung $F_{Wo} = \epsilon \cdot k_1 \cdot b = (\epsilon_1 + \epsilon_2) \cdot k_1 \cdot b$	(16.27)	$k_1 \mathrel{\hat{=}}$ Riementyp; z.B. Riementyp $14 \mathrel{\hat{=}} k_1 = 14$ ϵ_1 nach A16-7 ϵ_2 nach A16-9 Für Überschlagsrechnungen $F_{Wo} \approx (2 \ldots 2{,}5) \cdot F_t$
	16.5 Berechnung der Keilriemengetriebe		
29	maßgebende Berechnungsleistung $P' = c_B \cdot P$	—	Wahl des Keilriemenprofils nach A16-10 (Normalkeilriemen) und A16-11 (Schmalkeilriemen)

Nr.	Formel	Gl.-Nr.	Hinweise
30	Wellenmittenabstand $e' \approx (0{,}7 \ldots 2)\,(d_{w1} + d_{w2})$	(16.28)	d_w nach A16-12 (Normalkeilriemen); für Schmalkeilriemen ist $d_w = d_r$ zu setzen, Werte nach A16-13
31	rechnerische Wirklänge $L_{wr} \approx 2e' + \frac{\pi}{2}(d_{w1} + d_{w2}) + \frac{(d_{w2} - d_{w1})^2}{4e'}$	(16.29)	L_w bzw. L_i als Bestellänge nach A16-13 bzw. A16-12 festlegen
32	Innenlänge (nur für Normalkeilriemen maßgebend) $L_i = L_w - \Delta L$	(16.32)	ΔL nach A16-12
33	Umschlingungswinkel an der kleinen Scheibe $\beta_1 = 2 \arccos\left(\frac{d_{w2} - d_{w1}}{2e}\right)$	(16.30)	für Schmalkeilriemen $d_w \mathrel{\hat{=}} d_r$
34	genaue rechnerische Wirklänge $L_{wr} = 2e \cdot \sin\left(\frac{\beta_1}{2}\right) + \frac{\pi}{2}(d_{w1} + d_{w2}) + \frac{\pi}{2}\left(1 - \frac{\beta_1}{180}\right)(d_{w2} - d_{w1})$	(16.31)	
35	anzupassender Wellenabstand $e \approx \frac{1}{4}\left[L_w - \frac{\pi}{2}(d_{w1} + d_{w2})\right] + \frac{1}{4}\sqrt{\left[L_w - \frac{\pi}{2}(d_{w1} + d_{w2})\right]^2 - 2(d_{w2} - d_{w1})^2}$	(16.33)	
36	Wellenabstand bei $i = 1$ $e = \frac{1}{2}(L_w - \pi \cdot d_{w1})$	(16.34)	
37	zum spannungslosen Auflegen des Keilriemens erforderliche Verstellweg $s_V \geqslant 0{,}015 \cdot L_w$	(16.35)	
38	zum Dehnen (Spannen) des Keilriemens erforderliche Spannweg $s_{Sp} \geqslant 0{,}03 \cdot L_w$	(16.36)	
39	zur Leistungsübertragung erforderliche Anzahl der Normalkeilriemen $z \geqslant \frac{c_B \cdot P}{P_N \cdot c_1 \cdot c_2}$	(16.37)	c_B nach A3-5 P_N nach A16-14 bzw. A16-15 c_1 nach A16-16a c_2 nach A16-16b c_3 nach A16-16c
40	Anzahl der Schmalkeilriemen $z \geqslant \frac{c_B \cdot P}{P_N \cdot c_1 \cdot c_3}$	(16.38)	möglichst $1 < z < 16$
41	Wellenbelastung $F_w \approx 2 \cdot F_t$	–	Kontrolle f_B nach Nr. 26 $f_{B\,zul}$ nach A16-2

Nr.	Formel	Gl.-Nr.	Hinweise
16.6 Berechnung der Zahnriemengetriebe (Mulco-Synchroflex-Zahnriemen)			
42	Scheibenwirkdurchmesser $d_w = \frac{p}{\pi} \cdot z$	(16.39)	Wahl des Riementyps nach A16-17 Scheibenzähnezahl $z \geqslant z_{min}$ nach A16-18; bei $n_1 > 3000$ 1/min $z_1 \approx 1{,}3 \cdot z_{min}$
43	Wellenmittenabstand $e' \approx (0{,}5 \ldots 2)(d_{w1} + d_{w2})$	(16.40)	
44	rechnerische Riemenlänge $L_{wr} \approx 2 \cdot e' + \frac{p}{2}(z_1 + z_2) + \frac{p^2}{e'}\left(\frac{z_2 - z_1}{2 \cdot \pi}\right)^2$	(16.41)	
45	Umschlingungswinkel an der kleinen Scheibe $\beta_1 = 2 \arccos\left[\frac{p(z_2 - z_1)}{2 \cdot \pi \cdot e}\right]$	(16.42)	
46	genaue rechnerische Wirklänge $L_{wr} = 2e \cdot \sin\left(\frac{\beta_1}{2}\right) + \frac{p}{2}\left[(z_1 + z_2) + \left(1 - \frac{\beta_1}{180}\right)(z_2 - z_1)\right]$	(16.43)	
47	rechnerische Zähnezahl des Riemens $z_{Rr} = L_{wr}/p$	(16.44)	
48	Wirklänge des Zahnriemens $L_w = z_R \cdot p$	(16.45)	Konfektionslänge des Herstellers beachten
49	anzupassender Wellenabstand $e \approx \frac{1}{4}\left[L_w - \frac{p}{2}(z_1 + z_2)\right] + \frac{1}{4}\sqrt{\left[L_w - \frac{p}{2}(z_1 + z_2)\right]^2 - 2\left[\frac{p}{\pi}(z_2 - z_1)\right]^2}$	(16.46)	
50	vorzusehender Spannweg $s_{Sp} \geqslant 0{,}01 \cdot L_w$	(16.47)	Verstellweg zum spannungslosen Auflegen des Riemens nach Nr. 37
51	eingreifende Zähnezahl $z_e = \frac{z_1 \cdot \beta_1^\circ}{360^\circ}$	(16.48)	
52	Mindestbreite des Zahnriemens $b \geqslant \frac{c_B \cdot P}{P_{spez} \cdot z_e}$	(16.49)	c_B nach A3-5 P_{spez} nach A16-19 $z_e \leqslant 15$ nach Nr. 51

Nr.	Formel	Gl.-Nr.	Hinweise
53	bzw. $b \approx \dfrac{21{,}6 \cdot 10^9 \cdot (c_B \cdot P)}{p_{F1} \cdot p \cdot h_z \cdot z_1^2 \cdot \beta_1 \cdot n_1}$	(16.50)	b mm, $(c_B \cdot P)$ kW, p, h_z mm, p_{F1} N/mm², z_1 1, β_1 °, n_1 1/min h_z nach A16-18b $p_{F1} \approx 1{,}55 - 2{,}88 \left(\dfrac{n_1}{10000}\right) + 3{,}02 \left(\dfrac{n_1}{10000}\right)^2 - 1{,}05 \left(\dfrac{n_1}{10000}\right)^3$
54	Wellenbelastung $F_{Wo} \approx (1{,}5 \ldots 2) \cdot F_t$	–	Kontrolle f_B nach Nr. 26 $f_{B\,zul} \approx 100$ 1/s

17 Kettengetriebe

Formelzeichen	Einheit	Benennung
a	mm	tatsächlicher Wellenmittenabstand
a_0	mm	gewünschter Wellenmittenabstand
$b_1\, b_2$ ...	mm	Bogenlängen der Kette auf dem Teilkreis gemessen
c_B	1	Betriebsfaktor zur Berücksichtigung der dynamischen Betriebsverhältnisse
$d_{a1}\, d_{a2}$	mm	Kopfkreisdurchmesser des Kettenrades 1 bzw. 2
$d_{f1}\, d_{f2}$	mm	Fußkreisdurchmesser des Kettenrades 1 bzw. 2
$d_{s1}\, d_{s2}$	mm	Durchmesser der Freidrehung unter dem Fußkreis des Kettenrades 1 bzw. 2
d_1	mm	Teilkreisdurchmesser des Kettenrades 1, Kettenrollendurchmesser
d_2	mm	Teilkreisdurchmesser des Kettenrades 2
F_G	N	Gewichtskraft des Kettenrums
F_{ges}	N	resultierende Betriebskraft im Lasttrum der Kette
F_s	N	Stützzug
F_s'	1	spezifischer Stützzug
F_{so}, F_{su}	N	Stützzug am oberen bzw. unteren Kettenrad bei geneigter Getriebeanordnung
F_t	N	Tangentialkraft (Umfangskraft)
F_W	N	Wellenbelastung, Wellenspannkraft
F_z	N	Fliehzug
f	mm	Durchhang des Kettenleertrums
f_{rel}	%	relativer Durchhang des Kettenleertrums
f_1	1	Korrekturfaktor zur Berücksichtigung der Zähnezahl des kleinen Kettenrades
f_2	1	Korrekturfaktor zur Berücksichtigung der unterschiedlichen Wellenabstände
f_3	1	Korrekturfaktor zur Berücksichtigung der Kettengliedform
f_4	1	Korrekturfaktor zur Berücksichtigung der überlaufenden Kettenräder
f_5	1	Korrekturfaktor zur Berücksichtigung der Lebensdauer
f_6	1	Korrekturfaktor zur Berücksichtigung der Umweltbedingungen
g	m/s^2	Fallbeschleunigung
g_1	mm	Kettenlaschenhöhe
i	1	Übersetzungsverhältnis
L	mm	Gesamtlänge der Kette
L_h	h	Lebensdauer des Kettengetriebes
l_T	mm	Kettentrumlänge
$l_1\, l_2$ ...	mm	Teillängen der Kette
n	1	Anzahl der Kettenräder
$n_1\, n_2$	1/min	Drehzahl des Kettenrades 1 bzw. 2
P_D	kW	Diagrammleistung
P_1	kW	Antriebsleistung
p	mm	Kettenteilung
q	kg/m	Längen-Gewicht der Kette
r_4	mm	Kettenradfasenradius
T	Nmm, Nm	Nenndrehmoment
T_1	Nmm, Nm	Antriebsmoment
v	m/s	Kettengeschwindigkeit
X	1	tatsächliche Kettengliederzahl
X_0	1	rechnerische Kettengliederzahl
$z_1\, z_2$	1	Zähnezahl des Kettenrades 1 bzw. 2
δ	°	Neigungswinkel der Wellenmitten gegen die Waagerechte
ϵ_0	°	Trumneigungswinkel zwischen der gemeinsamen Tangente an den Teilkreisen (Leertrum) und der Verbindungslinie der Kettenradmittelpunkte
τ	°	Teilungswinkel
ψ	°	Neigungswinkel zwischen der gemeinsamen Tangente an den Teilkreisen (Leertrum) und der Waagerechten

Kettengetriebe

Nr.	Formel	Gl.-Nr.	Hinweise
	17.3.1 Kettenräder		
1	mittlere Übersetzung $i = \frac{n_1}{n_2} = \frac{z_2}{z_1} = \frac{d_2}{d_1}$	(17.1)	d_1, d_2 nach Nr. 3 Zähnezahlen für Kettenräder: z_1 | v in m/s | Anwendung 11 ... 13 | < 4 | $p < 20$ mm, $l_T > 40\ X$, weniger empfindliche Antriebe 14 ... 16 | < 7 | mittlere Belastungen 17 ... 25 | < 24 | *günstig* für Kleinräder
2	Teilungswinkel $\tau = \frac{360^\circ}{z}$	(17.2)	z_2 30 ... 80 üblich für Großräder 80 ... 120 obere Grenze für Großräder zu bevorzugen sind: $z_1 = (13)\ (15)\ 17\ 19\ 21\ 23\ 25$ $z_2 = 38\ 57\ 76\ 95\ 114$
3	Teilkreisdurchmesser $d = \frac{p}{\sin\left(\frac{\tau}{2}\right)} = \frac{p}{\sin\left(\frac{180^\circ}{z}\right)}$	(17.3)	
4	Fußkreisdurchmesser $d_f = d - d_1$	(17.4)	
	Kopfkreisdurchmesser		
5	$d_{a\,max} = d + 1{,}25 \cdot p - d_1$	(17.5)	$d_1\ g_1\ p$ nach A17-1
6	$d_{a\,min} = d + \left(1 - \frac{1{,}6}{z}\right) \cdot p - d_1$		
7	Durchmesser der Freidrehung unter dem Fußkreis $d_s = p \cdot \cot\left(\frac{\tau}{2}\right) - 1{,}05 \cdot g_1 - 2 \cdot r_4 - 1$	(17.6)	r_4 nach A17-2
	17.4.2 Kraftverhältnisse		
8	(statische) Kettenzugkraft $F_t = \frac{1000 \cdot P_1}{v} = \frac{2000 \cdot T_1}{d_1}$	(17.7)	$T_1 = 9550 \cdot \frac{P_1}{n_1}$ T_1 | P_1 | n_1 — Nm | kW | 1/min F_t | P_1 | v | T_1 | d_1 — N | kW | m/s | Nm | mm
9	Fliehzug $F_z = q \cdot v^2$	(17.8)	$v = d_1 \cdot \pi \cdot n_1/60$ v | d_1 | n_1 — m/s | m | 1/min
10	Stützzug $F_s = \frac{F_G \cdot l_T}{8 \cdot f} = \frac{q \cdot g \cdot l_T}{8 \cdot f_{rel}}$	(17.9)	q nach A17-1 $F_G = q \cdot g \cdot l_T$ $g \approx 9{,}81$ m/s^2
11	Stützzug am oberen Kettenrad $F_{so} \approx q \cdot g \cdot l_T \cdot (F_s' + \sin\psi)$	(17.10)	$f_{rel} = \frac{f}{l_T}$ normal $f_{rel} \approx 2\ \% = 0{,}02$
12	Stützzug am unteren Kettenrad $F_{su} \approx q \cdot g \cdot l_T \cdot F_s'$	(17.11)	F_s' nach A17-4 $\psi = \delta - \epsilon_0$ mit ϵ_0 aus $\sin\epsilon_0 = (d_2 - d_1)/(2 \cdot a)$ d_2, d_1 nach Nr. 3
13	resultierende Betriebskraft im Lasttrum der Kette bei annähernd waagerechter Lage des Leertrums $F_{ges} = F_t + F_z + F_s$	(17.13)	F_t nach Nr. 8

Nr.	Formel	Gl.-Nr.	Hinweise
14	– bei geneigter Lage des Leertrums $F_{ges} = F_t + F_z + F_{so}$	–	F_z nach Nr. 9 F_s nach Nr. 10 F_{so} nach Nr. 11 F_{su} nach Nr. 12
15	Wellenbelastung bei annähernd waagerechter Lage des Leertrums $F_W \approx (F_t + 2 \cdot F_s) \cdot c_B$	(17.12)	c_B nach A3-5
16	Belastung der *oberen* Welle bei geneigter Lage des Leertrums $F'_W \approx (F_t + 2 \cdot F_{so}) \cdot c_B$	–	
17	Belastung der *unteren* Welle bei geneigter Lage des Leertrums $F''_W \approx (F_t + 2 \cdot F_{su}) \cdot c_B$	–	
	17.5 Berechnung der Kettentriebe		
18	Für die Kettenwahl nach A17-3 maßgebende Diagrammleistung $P_D = \dfrac{c_B \cdot P_1 \cdot f_1}{f_2 \cdot f_3 \cdot f_4 \cdot f_5 \cdot f_6}$	(17.14)	c_B nach A3-5 f_1 nach A17-5 f_2 nach A17-6 $f_3 = 0{,}8$ bei gekröpftem Verbindungsglied, sonst $f_3 = 1$ $f_4 \approx 0{,}9^{(n-2)}$ für n Kettenräder; für den Normalfall mit $n = 2$ wird $f_4 = 1$ $f_5 \approx (15\,000/L_h)^{1/3}$ mit L_h in h f_6 nach A17-7 mit P_D Kettenwahl nach A17-3
19	günstiger Wellenabstand (Umschlingungswinkel soll möglichst $\geqslant 120°$ betragen) $a \approx (30 \ldots 50) \cdot p$	(17.15)	
20	für den gewünschten Wellenabstand a_0 wird die rechnerische Gliederzahl $X_0 = 2\dfrac{a_0}{p} + \dfrac{z_1 + z_2}{2} + \left(\dfrac{z_2 - z_1}{2 \cdot \pi}\right) \cdot \dfrac{p}{a_0}$	(17.16)	X_0 so runden, daß sich eine gerade Gliederzahl ergibt zur Vermeidung gekröpfter Verbindungsglieder
21	tatsächlicher Wellenabstand $a = \dfrac{p}{4} \cdot \left[\left(X - \dfrac{z_1 + z_2}{2}\right) + \right.$ $\left. + \sqrt{\left(X - \dfrac{z_1 + z_2}{2}\right)^2 - 2\left(\dfrac{z_2 - z_1}{\pi}\right)^2}\,\right]$	(17.17)	
22	Gesamtlänge der Kette bei Kettengetrieben mit $n > 2$ Kettenrädern $L = l_1 + l_2 + \ldots + b_1 + b_2 + \ldots$	(17.18)	$b = \dfrac{d}{2} \cdot \text{arc}\,\alpha$, α Umschlingungswinkel
23	erforderliche Gliederzahl allgemein $X = \dfrac{L}{p}$	(17.19)	